V&R

Handlungskompetenz im Ausland

herausgegeben von
Alexander Thomas, Universität Regensburg

Vandenhoeck & Ruprecht

Susanna Brökelmann
Christin-Melanie Fuchs
Stefan Kammhuber
Alexander Thomas

Beruflich in Brasilien

Trainingsprogramm für Manager, Fach- und Führungskräfte

Vandenhoeck & Ruprecht

Die 7 Cartoons hat Jörg Plannerer gezeichnet.

Bibliografische Information Der Deutschen Bibliothek

Die Deutsche Bibliothek verzeichnet diese Publikation in der Deutschen Nationalbibliografie; detaillierte bibliografische Daten sind im Internet über <http://dnb.ddb.de> abrufbar.

ISBN 3-525-49059-3

Satz: Satzspiegel, Nörten-Hardenberg
Druck und Bindung: Hubert & Co., Göttingen

Gedruckt auf alterungsbeständigem Papier.

■ Inhalt

■ Vorwort

In der deutschen Außenhandelsstatistik steht Brasilien mit seinen Einfuhren nach Deutschland an 26. Stelle und, was die deutschen Ausfuhren nach Brasilien anbetrifft, an 29. Stelle der Rangfolge deutscher Handelspartner. Damit liegt es weit vor allen anderen südamerikanischen Staaten. Zudem gibt es eine jahrhundertelange enge Beziehung zwischen Brasilien und Deutschland, und besonders nach dem Zweiten Weltkrieg sind diese Beziehungen in politischer und wirtschaftlicher Hinsicht vertieft und ausgebaut worden. Viele Deutsche leben und arbeiten in Brasilien, und das zum Teil schon seit Generationen. Viele Brasilianer pflegen enge Beziehungen zu Deutschen und zu Deutschland.

Auf diesem Hintergrund sollte man meinen, dass die interpersonalen Beziehungen zwischen Brasilianern und Deutschen völlig problemlos verlaufen. Wie die Praxis zeigt, ist dies ein Irrtum. Die intensiven Befragungen zu den Erfahrungen deutscher Fach- und Führungskräfte vor Ort im Umgang mit ihren brasilianischen Partnern zeigten, dass bei allen Bemühungen um gegenseitige Verständigung und um eine enge, von Wohlwollen geprägte Zusammenarbeit immer wieder Irritationen auftraten.

In vielen Situationen verhalten sich Brasilianer völlig anders, als Deutsche dies erwarten. Das führt zu Verunsicherung, zu Orientierungsverlust, zu Verärgerung, zu Abwertung des brasilianischen Kooperationspartners, zu mehr oder weniger stark ausgeprägten negativen Bewertungen, eventuell zu aggressivem Verhalten oder sogar zum Abbruch der Beziehungen. Das Verhalten der Deutschen ist für Brasilianer ebenfalls nicht immer verständlich und nachvollziehbar, und oft erfahren sie unerwartete Verhaltensreaktionen. Nun könnte man annehmen, dass erwartungswidriges Verhalten, verbunden mit diesen psychischen

Belastungen, nur bei Anfängern auftritt, die erstmalig oder nur sehr kurzfristig in Brasilien leben und arbeiten und mit Brasilianern zu tun haben. Auch dies ist ein Irrtum, wie viele Untersuchungen zeigen. Selbst Deutsche, die lange in Brasilien leben, mit Brasilianern schon über Jahre hinweg zu tun haben und einen nicht zu unterschätzenden Reichtum an Erfahrungen und Erkenntnissen über die spezifischen Eigenarten von Brasilianern angehäuft haben, die sich durchaus an viele Ungereimtheiten gewöhnt haben und inzwischen wissen, wie sie damit zurechtkommen können, haben Schwierigkeiten, eine adäquate Erklärung für das abzugeben, was sie tagtäglich erleben und erfahren.

Interkulturelles Verständnis entwickelt sich eben nicht allein durch die Ansammlung vielfältiger Erfahrungen in alltäglichen interkulturellen Begegnungssituationen, sondern bedarf der Reflexion und systematischen Verhaltensanalyse. Es muss ein Verständnis dafür aufgebaut werden, warum der brasilianische Partner aus deutscher Sicht so unerwartet reagiert. Es muss Wissen vorhanden sein über die handlungswirksamen Merkmale des kulturspezifischen Orientierungssystems bei Brasilianern, und es muss ein Verständnis für die Handlungswirksamkeit des eigenen kulturspezifischen Orientierungssystems aufgebaut sein. Nur so ist zu verstehen, was in der Begegnung zwischen Deutschen und Brasilianern tatsächlich passiert und warum die gegenseitigen Wahrnehmungen, die daraus gebildeten Erklärungen über das Partnerverhalten, die den Begegnungsprozess begleitende Emotionen und die aus alldem erfolgenden Aktionen und Reaktionen stattfinden.

Das vorliegende Trainingsmaterial enthält die Beschreibung authentischer Begegnungssituationen zwischen Deutschen und Brasilianern, geschildert aus deutscher Sicht, und dazu für den Aufbau interkulturellen Verstehens wichtiges Informations- und Lernmaterial, das auf der Basis wissenschaftlicher Analysen der geschilderten Interaktionsprozesse gewonnen worden ist. Die spezifische Zusammenstellung der Textmaterialien entspricht dem als »Culture Assimilator« oder »Cultural Sensitizer« international bekannten Trainingsformat, dass sich in vielen Studien über Jahrzehnte hinweg auch in wissenschaftlich gesicherten Evaluationsstudien als außerordentlich lernwirksam herausgestellt hat.

Wer das Trainingsmaterial systematisch und in der empfohlenen Art und Weise durcharbeitet, wird in der Lage sein, das Verhalten seiner brasilianischen Partner besser zu verstehen. Er wird begreifen, dass vieles, was ihn an seinem brasilianischem Partner irritiert, darauf zurückzuführen ist, dass sein kulturspezifisches Orientierungssystem ihm bestimmte Interpretationsmuster nahe legt, die nicht denen der Brasilianer entsprechen. Zudem wird er aus dem Verständnis der beiden kulturspezifischen Orientierungssysteme heraus besser in der Lage sein, interkulturelle Begegnungssituationen vorherzusehen, in die er im brasilianischen Alltagsleben und in seiner beruflichen Tätigkeit in Brasilien einbezogen ist. Er ist damit in der Lage, in ihnen so zu agieren, dass er Stress abbauen kann und seine Ziele so erreicht, dass ein positives Beziehungsverhältnis zu seinen brasilianischen Partnern hergestellt werden kann. Genau das ist die Grundlage für den gewünschten Erfolg.

Alexander Thomas

■ Einführung in das Training

Das vorliegende Trainingsmaterial bereitet deutsche Fach- und Führungskräfte auf ihren beruflichen Einsatz in Brasilien vor. Solch ein Auslandseinsatz stellt Anforderungen der verschiedensten Art. Neben Schwierigkeiten in der persönlichen Organisation – wie Wohnungssuche, Suche nach geeigneter Kinderbetreuung, Versicherungsschutz – treten kulturelle und mentalitätsbedingte Schwierigkeiten auf, wenn man als Deutscher in der zunächst fremden Kultur lebt und arbeitet. Zur Bewältigung dieser Schwierigkeiten trägt das folgende Training bei, indem es die kulturellen Unterschiede zwischen Brasilianern und Deutschen näher beleuchtet. Eigenheiten der Brasilianer werden aufgezeigt und erläutert, um einen passenden Umgang mit ihnen anzuregen.

■ Kulturelle Unterschiede

Jeder Mensch wird durch die in seiner Gesellschaft geltenden Normen und Werte geprägt. Damit ein Zusammenleben innerhalb der gesellschaftlichen Gemeinschaft überhaupt möglich ist, wurden Regeln entwickelt, die von Generation zu Generation weitergegeben werden. Diese Regeln können expliziter Art sein, wie zum Beispiel das Gesetz »Bei Rot darf man nicht über die Ampel gehen«; stärker noch prägen eine Kultur aber implizite Regeln, über die stilles Einvernehmen besteht. Bei einem Restaurantbesuch ist es in Deutschland üblich, dass man sich nach Betreten des Restaurants einen Platz sucht, sich setzt und wartet, bis die Bedienung kommt. Dann bestellt man, isst und bezahlt nach dem Essen. In anderen Ländern weichen die Regeln für den Restaurantbesuch davon erheblich ab. So ist der Ablauf eines Restaurantbesuchs eine Spielregel der Gesellschaft. Als Kind beobachtet man das Verhalten seiner Mitmenschen und imitiert es, nachdem man immer wieder ähnliches Verhalten gesehen hat. Bald werden bestimmte Handlungsabläufe und Verhaltensmuster als selbstverständlich angesehen und somit zu Automatismen. Dies bringt den Vorteil, dass man sich nicht jedes Mal neu überlegen muss, wie man sich im Restaurant zu verhalten hat. Durch das Einverständnis über bestimmte Verhaltensmuster ist es möglich, Verhalten vorauszusagen und zutreffend zu beurteilen. In diesem Sinne kann man kulturspezifisches Verhalten als ein System aus Werten, Regeln, Normen, Einstellungen und Erwartungen verstehen, das für eine Gesellschaft typisch ist und von ihren Mitgliedern geteilt wird. Kultur beeinflusst das Wahrnehmen, Werten und Handeln jedes Einzelnen und bildet so als eine Art Orientierungssystem den Rahmen für eine erfolgreiche individuelle Umweltbewältigung.

Um die Merkmalsausprägungen einer spezifischen Kultur analysieren, beschreiben und vermitteln zu können, wurde das auch diesem Training zugrunde liegende Kulturstandardkonzept entwickelt (Thomas et al. 2003). Unter Kulturstandards sind die zentralen Merkmale einer Kultur zu verstehen, also alle Arten des Wahrnehmens, Denkens, Wertens und Handelns, die von der Mehrzahl der Mitglieder einer Kultur als normal, selbstverständlich, typisch und verbindlich angesehen werden, und zwar für sich selbst und für andere. Kulturstandards besitzen somit Orientierungsfunktion für das eigene Verhalten und das der Mitmenschen. Sie geben Auskunft darüber, wie man sich selbst verhalten soll, wie man das Verhalten anderer bewertet oder welches Verhalten man von Anderen erwarten kann. Kulturstandards werden wie die vorher genannten Spielregeln im Lauf des Lebens erlernt und als selbstverständliche Basis dem eigenen Handeln zugrunde gelegt. Diese Prozesse sind so weit automatisiert, dass die Kulturstandards im eigenen Verhalten nicht mehr wahrgenommen und automatisch auch von der sozialen Umwelt gefordert werden.

■ Warum ist interkulturelles Lernen notwendig?

Treffen zwei Menschen aus unterschiedlichen Kulturen aufeinander, gibt es Überlappungen ihrer Spielregeln – allerdings existieren auch Unterschiede. Dabei wird jeder zunächst voraussetzen, dass sein Gegenüber nach den gleichen kulturellen Spielregeln handelt wie er selbst. Beurteilt und interpretiert ein Deutscher jedoch beispielsweise das Verhalten eines Brasilianers anhand seiner für die deutsche Kultur typischen Spielregeln, kommt es zu Fehlinterpretationen. Ziemlich schnell wird klar, dass das eigene Orientierungssystem in der fremden Kultur keine ausreichende Orientierung mehr bieten kann. Man versteht das Verhalten der Mitglieder der fremden Kultur nicht, interpretiert es falsch und kann damit nicht vorhersehen, wie sich der Andere in bestimmten Situationen verhalten wird. Es kommt immer häufiger zu unerwarteten Verhaltensreaktionen. So wird ersichtlich, dass es notwendig ist, sich mit den Spielregeln einer fremden Kultur intensiver zu beschäftigen, wenn man erfolgreich in dieser fremden Kultur agieren will. Interkulturelles Lernen wird nötig.

Folgende Beobachtungen von Axel Simer, einem Kenner der brasilianischen Kultur, verdeutlichen treffend die Notwendigkeit interkulturellen Lernens.

■ Von der (Un-)Möglichkeit, einen Brasilianer zu kritisieren ...

»Stellen Sie sich vor, Sie sind dabei Ihr Brasilienengagement zu verstärken und stehen kurz vor dem Abschluss der Verhandlungen über die Gründung eines Joint Ventures. Ihr Vertragspartner legt Ihnen voller Stolz zu Beginn eines Arbeitsessens den unterschriftsreifen Vertrag vor und strahlt Sie an. Sie entdecken, dass einer der strittigen Punkte einfach weggelassen wurde. Mein Gott! Meu Deus do ceu! Jetzt ist es so weit, Sie müssen es tun, Sie müssen alles auf eine Karte setzen, Sie müssen in irgendeiner Form sagen, dass es so nicht geht – praktisch unmöglich.

Der Schweiß bricht Ihnen aus. Sie sagen: ›Wunderbar, perfekt. Wir müssen es mit einem Glas Sekt feiern. Wir haben es geschafft, ein Vertrag, von dem beide nur Vorteile haben.‹ Im Stillen denken Sie allerdings fieberhaft darüber nach, wie Sie noch eine Klausel in den Vertrag einschieben können, die regelt, was mit den Patenten und Marken des Joint Ventures geschieht, falls das Gemeinschaftsunternehmen eines Tages in Konkurs geht oder aufgelöst wird. Sie wissen, es muss jetzt geschehen, aber Sie wissen nicht wie.

Es fällt Ihnen ein, wie Stefan Zweig die Brasilianer beschrieb: ›Nicht nur sentimental, sondern auch sensitiv veranlagt, besitzt jeder Brasilianer ein besonders leicht verletzbares Ehrgefühl und zwar ein Ehrgefühl besonderer Art. Gerade weil er selbst so besonders höflich und persönlich bescheiden ist, empfindet er jede und auch die unbeabsichtigste Unhöflichkeit sofort als Missachtung. Nicht dass er so heftig reagiert wie ein Spanier oder Italiener oder ein Engländer; er schweigt die vermeintliche Kränkung gleichsam in sich hinein.‹ Hundertmal haben Sie mittlerweile diesen Passus gelesen, immer wieder Situationen wie diese eingeübt. Also los, Angriff unter voller Berücksichtigung der ›Zartheit der Seele‹ des Gegenübers!

›Sie haben sich wahrhaftig wahnsinnig viel Arbeit gemacht, verehrter Herr João. Ich weiß gar nicht, wie ich Ihnen danken soll. Und an alles haben Sie gedacht. Erlauben Sie, dass ich eventuell einen Satz einfüge, damit auch von mir persönlich etwas in diesem Vertrag enthalten ist – aber natürlich nur, wenn es nicht Ihr wirklich einzigartiges Werk beeinträchtigt ...?‹ Ihr Gegenüber stutzt kurz, nickt dann aber wohlwollend. Sie schreiben geschwind einen Satz hinzu und sagen: ›Kann Ihre Sekretärin das blitzschnell einfügen und den Vertrag noch einmal ausdrucken? Dann können wir gleich unterzeichnen und auf unseren gemeinsamen Erfolg anstoßen?‹ Ihr brasilianischer Partner strahlt Sie wieder an. Geschafft, der Deal ist unter Dach und Fach, Ihr Aufstieg in den Vorstand ist nach diesem grandiosen Finale nur noch eine Formsache ...« (Simer 2001).

Interkulturelles Lernen kann, wie in der Rede beschrieben, durch eingehende Beschäftigung mit kulturspezifischer Literatur initiiert werden. Im Kontext der interkulturellen Psychologie entwickelte Trainingsmethoden setzen sich mit diesen kulturellen Unterschieden intensiv auseinander. Es existieren verschiedenste Trainingsmethoden, den Umgang mit kulturellen Unterschieden zu qualifizieren. Einer der erfolgreichsten Trainingsmethode ist der Culture Assimilator. In diesem Format ist das vorliegende Trainingsmaterial konzipiert.

Ziel dieses Trainingsprogramms ist es, Deutsche, die beruflich mit Brasilianern zu tun haben, für das brasilianische Orientierungssystem zu sensibilisieren und das Verstehen dieses Systems zu erleichtern. Hierfür werden die brasilianischen Kulturstandards anhand konkreter Fallbeispiele vermittelt. Im Weiteren werden Wege aufgezeigt, wie mit den kulturellen Unterschieden erfolgreich umgegangen werden kann.

Der vorliegende Culture Assimilator stellt ein effektives Trainingsmaterial dar, um die brasilianische Kultur besser kennen zu lernen und verstehen zu können. Die in diesem Trainingsmaterial vermittelten brasilianischen Kulturstandards sind als Gerüst kulturellen Verhaltens anzusehen, mit dessen Wissen und Verständnis die Beurteilung und richtige Einordnung von brasilianischem Verhalten erleichtert wird. Befinden Sie sich nun in einer Interaktionssituation mit einem Brasilianer, kann Ihnen das Gerüst helfen, das Verhalten Ihres Gegenübers richtig zu interpretieren; die Beurteilung seines Verhaltens darf jedoch nicht allein darauf reduziert werden.

■ Hinweise für die Bearbeitung des Trainingsmaterials

Das vorliegende Trainingsmaterial besteht aus sieben Trainingseinheiten, die je einen brasilianischen Kulturstandard im Handlungsfeld deutscher Fach- und Führungskräfte behandeln. In jeder Trainingseinheit werden Situationen dargeboten, die von in Brasilien lebenden deutschen Fach- und Führungskräften erlebt und geschildert wurden. In diesen Situationen ist es aufgrund der unterschiedlichen Orientierungssysteme von Deutschen und Brasilianern zu Schwierigkeiten und Missverständnissen gekommen. Auf jede Situation folgen vier Erklärungsalternativen (Deutungen), die mögliche Erklärungen für das Verhalten des brasilianischen Interaktionspartners darstellen. Der Lernende soll nun die einzelnen Erklärungen im Hinblick auf ihre Angemessenheit beurteilen. Daraufhin erhält er eine Rückmeldung, inwieweit die von ihm getroffene Einschätzung und die anderen Antwortalternativen den Interaktionsverlauf der Situation erklären können. Im Anschluss daran werden Handlungsoptionen aufgezeigt und mögliche Konsequenzen der einzelnen Strategien erläutert. Am Ende einer jeden Trainingseinheit wird der brasilianische Kulturstandard, aus dessen handlungssteuernden Wirkung sich die zu einer Trainingseinheit zugehörigen Situationen erschließen lassen, näher beschrieben und seine historische und gesellschaftliche Entstehungsgeschichte erläutert.

Die einzelnen Situationen und Trainingseinheiten bauen aufeinander auf, sodass sich eine sukzessive Bearbeitung des Trainingsmaterials empfiehlt. Das Trainingsmaterial ist vorwiegend für das Selbststudium konzipiert. Es kann jedoch auch entsprechend modifiziert beim Gruppentraining eingesetzt werden.

■ Hinweise zu den Fallbeispielen

Aufgrund unterschiedlicher kultureller Gewohnheiten bei der Verwendung von Vor- oder Nachnamen im brasilianischen und deutschen Arbeitsalltag wurden die deutschen Interaktionspartner in den Situationen mit Nachnamen und die brasilianischen mit Vornamen versehen. In Brasilien ist es üblich, Vorgesetzte, Kollegen und Mitarbeiter beim Vornamen zu nennen, wenn intensiverer Kontakt besteht. Die verwendeten Namen deuten also nicht auf eine hierarchische Beziehung hin, sondern sind an die kulturspezifischen Gepflogenheiten des jeweiligen Landes angepasst.

Das Trainingsmaterial besteht aus kulturell bedingt konflikthaften Situationen zwischen Brasilianern und Deutschen. Treffen Vertreter zweier Kulturen aufeinander, kommt es aber nicht zwangsläufig zu Schwierigkeiten. Brasilianer zeigen eine Reihe von Merkmalen, die für eine Interaktion mit Deutschen sehr hilfreich sein können und das Einleben eines Deutschen in die brasilianische Kultur enorm erleichtern und verschönern können. Für die unkomplizierten Seiten einer Kooperation mit Brasilianern besteht in der Regel aber kein Trainingsbedarf, weswegen in dem vorliegendem Trainingsmaterial Situationen dieser Art weniger Beachtung finden.

Gerade das Kennenlernen und Verstehen eines fremdkulturellen Orientierungssystems kann für das eigene Leben sehr bereichernd sein. Die Beschäftigung mit anderen Spielregeln kann eine Reflexion über die eigenen Spielregeln initiieren. Auf den ersten Blick erscheinen bestimmte Eigenheiten der Brasilianer als sehr negativ, da man sie in der Regel nicht kennt, nicht einordnen kann und nicht weiß, wie man mit ihnen umgehen soll. Durch gesammelte Erfahrungen im Umgang mit Brasilianern auf der Grundlage vertieften Wissens über das brasilianische kulturelle Orientierungssystem und brasilianische Kulturstandards wird die Bewertung von brasilianischen Eigenheiten differenzierter. Eine zunächst negativ erscheinende Eigenheit der Brasilianer wird – aus einem anderen Blickwinkel betrachtet – dann positiv bewertet. Die Beschäftigung mit einer fremden Kultur kann das eigene kulturelle Orientierungssystem der Bewertungen, der Werte und Normen erheblich bereichern. In diesem Sinne wünschen wir Ihnen bei der Bearbeitung viel Freude und Erfolg!

◼ Themenbereich 1: Personenorientierung

◼ Beispiel 1: Fax aus Deutschland

◼ Situation

Herr Frohsinn ist vor zwei Jahren nach Brasilien gezogen, um in einer Bank in São Paulo zu arbeiten. Sein brasilianischer Kollege Fabio bekommt von einer deutschen Firma ein Fax bezüglich einer Exportfinanzierung zugeschickt. In dem Fax erinnert ihn der deutsche Exporteur daran, dass er unbedingt, wie schon einmal angefordert, bis zu einem bestimmten Datum noch gewisse Informationen und Daten brauche, um exportieren zu können. Er hätte zwar schon einige Informationen erhalten, aber sie würden nicht ausreichen. Daraufhin schreibt Fabio ein zweiseitiges, offensiv formuliertes Fax an den deutschen Exporteur. Er behandelt jeden Abschnitt aus dem Fax einzeln und schreibt am Ende noch darunter, dass er auf eine freundlichere zukünftige Zusammenarbeit hoffe. Herr Frohsinn versteht nicht, warum Fabio so verärgert auf das Fax reagiert.

Warum reagiert Fabio so verärgert auf das Fax?

- Lesen Sie die Antwortalternativen nacheinander durch.
- Bestimmen Sie den Erklärungswert jeder Antwortalternative für die gegebene Situation und kreuzen Sie ihn auf der darunter liegenden Skala entsprechend an. Es ist möglich, dass mehrere Antwortalternativen den gleichen Erklärungswert besitzen.

■ Deutungen

a) Fabio hat aufgrund des unpersönlichen Hinweises zur Einhaltung des gesetzten Termins das Gefühl, dass der deutsche Exporteur kein Vertrauen in die Zuverlässigkeit seiner Arbeit hat.

sehr zutreffend	eher zutreffend	eher nicht zutreffend	nicht zutreffend

b) Fabio fühlt sich durch das Nachhaken des deutschen Exporteurs bevormundet, weil dieser als gleichgestellter Geschäftspartner dazu kein Recht hat.

sehr zutreffend	eher zutreffend	eher nicht zutreffend	nicht zutreffend

c) Fabio hat einen schlechten Tag, daher reagiert er unfreundlich auf das Fax des Exporteurs.

sehr zutreffend	eher zutreffend	eher nicht zutreffend	nicht zutreffend

d) Fabio versteht nicht, warum der deutsche Exporteur ihn noch vor Ablauf der Frist derart nachdrücklich darauf hinweist, dass er ihm noch weitere Informationen zuzuschicken habe.

sehr zutreffend	eher zutreffend	eher nicht zutreffend	nicht zutreffend

- Versuchen Sie, Ihre Einstufungen jeder Antwortalternative zu begründen. Halten Sie die Begründung in schriftlicher Form stichpunktartig fest.
- Lesen Sie nun die Erläuterungen zu jeder Antwortalternative und vergleichen Sie diese mit Ihren Begründungen.

▨ Bedeutungen

Erläuterung zu a):
In Brasilien ist Zusammenarbeit nur möglich, wenn eine gute persönliche Beziehung besteht. Dazu gehört unter anderem, dass man Vertrauen zu seinem Geschäftspartner hat und dies auch zeigt. Der deutsche Exporteur weist Fabio darauf hin, dass die Aufgabe innerhalb des vereinbarten Zeitrahmens fertig gestellt werden muss. Fabio glaubt, dass der Deutsche ihm nicht zutraut, zuverlässig zu arbeiten. Für Fabio ist damit die geplante gute Zusammenarbeit gestört, und das vermittelt er dem deutschen Exporteur mit dem Fax. In seinen Augen liegt es nun in den Händen des deutschen Exporteurs, eine gute Beziehung wieder herzustellen. Diese Antwort erklärt am Treffendsten das Verhalten von Fabio.

Erläuterung zu b):
Die hierarchische Beziehung spielt im brasilianischen Geschäftsalltag eine große Rolle. Es wird allgemein akzeptiert, wenn Vorgesetzte ihre Mitarbeiter auf freundliche Art und Weise kontrollieren. In dieser Situation wird Fabio von einem gleichgestellten Geschäftspartner auf die Erledigung seiner Aufgaben hingewiesen. Er fühlt sich bevormundet, umso mehr, da der deutsche Exporteur aufgrund seiner hierarchischen Stellung nicht dazu berechtigt ist. Fabio wäre jedoch genauso empört gewesen, falls er ein derartiges Fax von einem Vorgesetzten erhalten hätte. Aufgrund der hierarchischen Stellung hätte er seine Verärgerung aber nicht in gleicher Weise geäußert. Diese Begründung trifft nur teilweise zu.

Erläuterung zu c):
Es kann sein, dass schlechte Laune Fabio veranlasst hat, dem Exporteur ein unfreundliches Fax zu schreiben. In der Situation sind hierfür jedoch keine Anhaltspunkte zu finden. Des Weiteren drücken Brasilianer negative Gefühle wie Verärgerung und Zorn nicht aus. Emotionen mit destruktivem Charakter stoßen auf Ablehnung und werden stärker als in Deutschland kontrolliert. Schlechte Laune kann nicht als Ursache für Fabios offen gezeigten

Ärger dienen. Vielmehr muss der Exporteur Fabio derart verärgert haben, dass Fabio sämtliche Verhaltensregeln gegenüber dem
Exporteur vergisst und seinen Ärger offen ausdrückt. Eine andere
Erklärung ist für die Begründung von Fabios Verhalten heranzu-
ziehen.

Erläuterung zu d):

Brasilianer beenden selten einen Auftrag unter dem gesetzten
Zeitlimit, da sie häufig an mehreren Aufträgen gleichzeitig arbeiten. Fabio sieht keinen Sinn darin, dass der deutsche Exporteur
ihn auf das Fristende aufmerksam macht, da er den Arbeitsauftrag nicht vorzeitig erledigen wird. Damit erklärt sich das Unverständnis Fabios über die Aufforderung des Deutschen, nicht jedoch, warum er derart verärgert auf das Fax reagiert. Seine persönliche Verärgerung muss eine andere, tiefer liegende Ursache
haben, weshalb diese Erklärung als eher unzutreffend einzustufen ist.

■ Lösungsstrategie

Für Deutsche hat die Sache immer Vorrang vor der Person,
sodass eine gute und persönliche Beziehung zu Arbeitskollegen
einen angenehmen Nebeneffekt darstellt, für die fachliche Zusammenarbeit aber nicht von zentraler Bedeutung ist. In
Deutschland wird die Arbeit strikt vom Privaten getrennt. In Brasilien dagegen fußt eine effiziente und zufrieden stellende Zusammenarbeit auf einer positiven persönlichen Arbeitsbeziehung.

Was hätten Sie also anstelle des deutschen Exporteurs beachten müssen? Zunächst einmal sollten Sie sich dessen bewusst sein,
dass Brasilianern die Wertschätzung ihrer privaten Person außerordentlich wichtig ist. In einem Fax sollten Sie den brasilianischen Geschäftspartner persönlich mit seinem Vor- und Nachnamen ansprechen. Falls Sie sich bereits kennen, ist es auch
möglich, nur den Vornamen zu verwenden. Das schafft ein höheres Maß an Vertraulichkeit. Sie könnten sich dann danach erkundigen, wie es ihm oder seiner Familie geht. Falls Sie über

mehr persönliche Informationen verfügen, ist es möglich, diese bedenkenlos zu nutzen, indem Sie beispielsweise fragen, wie der Urlaub in Rio de Janeiro war. Dann könnten Sie allmählich auf ihre Anfrage nach bestimmten Informationen überleiten und um seine Unterstützung bitten. Formulieren Sie die Anfrage als Bitte um einen Gefallen, den Sie sich vom Anderen erhoffen, und nicht als Aufforderung, der ihr brasilianischer Partner nachkommen muss, weil es in seinem Aufgabenbereich liegt. Vermeiden Sie Formulierungen, die darauf zielen, dass Sie etwas schon mehrmals angefordert haben. Damit machen Sie dem brasilianischen Geschäftspartner unmissverständlich deutlich, dass Sie an seiner Zuverlässigkeit zweifeln, was ihn verärgert und die Kooperationsbereitschaft reduziert.

Für Deutsche ist es notwendig, ein Verständnis dafür zu entwickeln, dass die Investitionen in eine gute persönliche Beziehung einen Zeitgewinn und keinen Zeitverlust darstellen. In Brasilien besteht oftmals eine hohe Vernetzung von wirtschaftlichen, politischen und bürokratischen Vorgängen. Vom guten Willen einer einzelnen Person hängt es ab, ob sich ein geschäftlicher Vorgang unnötig in die Länge zieht oder schnell abgewickelt wird. Wenn Sie eine persönliche Beziehung zu den brasilianischen Geschäftspartnern und Kollegen etablieren, wird deren Verpflichtungsgefühl Ihnen gegenüber höher sein, als wenn Sie eine rein sachlich geschäftliche Beziehung pflegen. Fabio wäre dem Deutschen gerne entgegengekommen und hätte sich beeilt, die Daten zuzuschicken, wenn er auf nette und persönliche Art gebeten worden wäre. Er hätte sich bemüht, den Ablauf zu beschleunigen, obwohl er noch Zeit bis zum Ablauf der Frist hatte und zudem viele andere Dinge zur gleichen Zeit anstanden.

Bei einer Anfrage, einem Anliegen ist es wichtig, darauf zu achten, welches Kommunikationsmittel verwendet wird. Davon hängt ab, ob die Anfrage bearbeitet wird oder nicht. Ein handgeschriebenes Fax ist auf jeden Fall persönlicher als eine E-Mail, jedoch immer noch unpersönlicher als ein Telefonat. Falls eine Anfrage besonders wichtig sein sollte, dann sollten Sie ein Telefonat bevorzugen, auch wenn das zunächst mehr Zeit beansprucht.

■ Beispiel 2: Vorbereitung eines Kundengesprächs

■ Situation

Herr Schäfer arbeitet seit sechs Monaten als Abteilungsleiter in einem brasilianischen Unternehmen in Rio de Janeiro. Als ein Erstgespräch mit einem Kunden ansteht, erfährt er, dass Fernando, ein brasilianischer Techniker, der auch in der Firma von Herrn Schäfer arbeitet, mit diesem Kunden privaten Kontakt pflegt. Herr Schäfer nimmt Kontakt mit Fernando auf, um ihm die Vorbereitung des Kundengesprächs zu übertragen. Dies hält er für eine gute Idee, da Fernando den Kunden ja bereits kennt und somit über Hinweise verfügt, wie zum Beispiel eine gute Gesprächsatmosphäre mit dem Kunden geschaffen werden könne. Fernando beschwert sich über das Anliegen von Herrn Schäfer mit der Begründung, das dies die Aufgabe von Herrn Schäfer sei. Herr Schäfer versteht nicht, warum Fernando so reagiert. Er dachte, Fernando würde sich über eine Aufgabe außerhalb seines üblichen Tätigkeitsbereichs freuen.

Warum weigert sich Fernando, das Kundengespräch vorzubereiten?

– Lesen Sie die Antwortalternativen nacheinander durch.
– Bestimmen Sie den Erklärungswert jeder Antwortalternative für die gegebene Situation und kreuzen Sie ihn auf der darunter liegenden Skala entsprechend an. Es ist möglich, dass mehrere Antwortalternativen den gleichen Erklärungswert besitzen.

■ Deutungen

a) Aufgaben wie Verhandlungen vorzubereiten fallen nicht in den Zuständigkeitsbereich von Fernando, weshalb er diese nicht ausführen will.

| sehr zutreffend | eher zutreffend | eher nicht zutreffend | nicht zutreffend |

b) Fernando ist der Meinung, dass sich sein Chef selbst ernsthaft darum bemühen müsse, den Kunden besser kennen zu lernen, um mit ihm ins Geschäft kommen zu können.

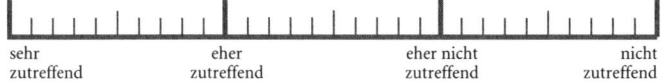

| sehr zutreffend | eher zutreffend | eher nicht zutreffend | nicht zutreffend |

c) Fernando befürchtet, dem Chef falsche oder unpassende Tipps zu geben. Falls es trotz seiner Ratschläge zu keiner Zusammenarbeit mit dem Kunden kommen würde, wäre er der Sündenbock.

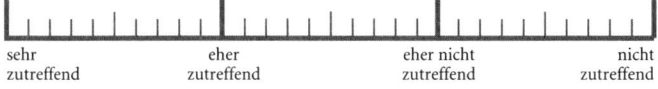

| sehr zutreffend | eher zutreffend | eher nicht zutreffend | nicht zutreffend |

d) Fernando fühlt sich ausgenutzt, da der Chef von seinen persönlichen Beziehungen profitieren will und er selbst dabei leer ausgehen wird.

| sehr zutreffend | eher zutreffend | eher nicht zutreffend | nicht zutreffend |

– Versuchen Sie, Ihre Einstufungen jeder Antwortalternative zu begründen. Halten Sie die Begründung in schriftlicher Form stichpunktartig fest.
– Lesen Sie nun die Erläuterungen zu jeder Antwortalternative und vergleichen Sie diese mit Ihren Begründungen.

▓ Bedeutungen

Erläuterung zu a):
In Brasilien sind die Zuständigkeitsbereiche der Angestellten und Vorgesetzten im stillen Einvernehmen klar umrissen. Es ist ungewöhnlich und nicht erwünscht, wenn sich ein Mitarbeiter mit Angelegenheiten beschäftigt, die in den Zuständigkeitsbereich seines Chefs fallen. Deswegen sieht es Fernando nicht als seine Aufgabe, die Verhandlungen vorzubereiten. Gibt allerdings ein Chef einen Auftrag an seinen Mitarbeiter weiter, gelangt dieser

automatisch in den Zuständigkeitsbereich des Mitarbeiters. Diese Erklärung trifft daher so nicht zu.

Erläuterung zu b):
Der Aufbau einer guten geschäftlichen Beziehung erfolgt in Brasilien, indem der Geschäftspartner als Person behandelt wird, die durch berufliche und persönliche Eigenheiten charakterisiert ist. Jede Beziehung zwischen zwei Individuen ist somit einzigartig und kann nicht auf Dritte übertragen werden. Fernando sieht keinen Sinn darin, Herrn Schäfer seine Erfahrungen mit dem Kunden mitzuteilen, der diesen ganz anders kennen lernen wird und deswegen keinen Nutzen aus Fernandos Verhältnis ziehen kann. Diese Tatsache ist für Fernando selbstverständlich. Das Ablehnen dieser Aufgabe stellt für ihn somit keine Respektlosigkeit gegenüber dem Chef dar. Diese Antwort erklärt den Situationsverlauf am Besten.

Erläuterung zu c):
Mitarbeiter in Brasilien sehen sich als ausführende Kräfte von Arbeitsaufträgen. In dieser Situation wird Fernando vor eine Aufgabe gestellt, bei der er sich selbst kreativ einbringen muss. Dieser Aufgabentyp ist ihm unbekannt, weshalb er den Auftrag – aus Angst zu versagen und vor den möglichen negativen Folgen – lieber von vornherein ablehnt. Dagegen spricht jedoch, dass Fernando seine Überforderung dadurch direkt zugäbe und als inkompetenter Mitarbeiter bloßgestellt wäre. Vielmehr würde er versuchen, die Hilfe gleichgestellter Kollegen zu finden, um den Auftrag so gut wie möglich auszuführen. Somit kann Versagensangst als Begründung für Fernandos Verhalten nicht schlüssig den Verlauf der Situation erklären.

Erläuterung zu d):
In Brasilien ist es häufig der Fall, dass Mitarbeiter Vorarbeiten für Projekte übernehmen, während der Chef diese nach außen hin vertritt und die Verantwortung dafür trägt. Fernando fühlt sich ausgenutzt, da er selbst sehr viel zum Erfolg der Verhandlung beitragen würde, die Früchte davon jedoch nur sein Chef ernten würde. Bei einem positiven Ausgang der Verhandlung würde jedoch Fernando Anerkennung durch den Chef widerfahren, was

ihn zufrieden stellen müsste. Diese Erklärung kann das Verhalten von Fernando nicht adäquat begründen.

■ Lösungsstrategie

Der Aufbau persönlicher Beziehungen zu Kunden ist in Brasilien von entscheidender Bedeutung. Es ist anzunehmen, dass sich Herr Schäfer dessen bewusst war und angenommen hat, dass er sich durch die Kontakte seines Mitarbeiters zum Kunden einen Verhandlungsvorteil verschaffen kann. Dabei liegt Herr Schäfer nicht ganz falsch. Tatsächlich genießen er und seine Firma durch den persönlichen Kontakt des Technikers einen Vertrauensvorschuss. Wie könnten Sie die Situation nun zu Ihren Gunsten nutzen, wenn Sie Herr Schäfer wären?

Zuerst einmal sollten Sie sich darüber bewusst sein, dass Verhandlungen und geschäftliche Kontakte in Brasilien immer mit einem Beziehungsaufbau beginnen, den Sie selbst vornehmen müssen und den Ihnen keiner abnehmen kann. Dabei wird zunächst über alles andere als das Geschäftliche gesprochen, um den Anderen auf persönlicher Ebene kennen zu lernen. Hierbei können Sie wie in den Handlungstipps der Situation »Geschäftsfax aus Deutschland« beschrieben vorgehen und sich nach dem Privatleben des Kunden erkundigen. Beliebte Themen sind bei Brasilianern außerdem das Land Brasilien, Fußball und die Politik. Diese Kennenlernphase dient dazu, eine persönliche und angenehme Atmosphäre zu schaffen, und Gemeinsamkeiten zu finden, weshalb Kritik an den genannten Themen gemieden werden sollte. Es ist vorteilhaft, von sich selbst viel preiszugeben, denn oftmals entscheidet über einen Vertragsabschluss nicht die tatsächliche Leistung einer Firma, sondern Sympathie und Gemeinsamkeiten der Verhandlungspartner, die in solchen Gesprächen festgestellt werden.

Zusätzlich könnten Sie sich vor einem Kundengespräch Erkundigungen über ihn einholen: etwa aus welcher Familie der Kunde kommt, ob er einen Großkonzern oder Kleinunternehmen leitet. Hierzu können Sie auch wie Herr Schäfer einen Mitarbeiter befragen, der den Kunden besser kennt. Sie können jedoch aus den genannten Gründen nicht erwarten, dass dieser Ihnen beispielsweise einen Leitfaden für das Kundengespräch anhand seiner Erfahrungen mit dem Kunden erstellt. Falls Sie gerne detaillierte Informationen über den Kunden hätten, dann versuchen Sie, diese indirekt zu erfragen. Beispielsweise könnten Sie sich in einer Kaffeepause nebenbei darüber unterhalten, wie lange der Kunde schon im Geschäft ist oder ob er verheiratet ist und so fort.

■ Beispiel 3: Kunde in finanzieller Not

■ Situation

Herr Kohler ist Besitzer und Geschäftsführer einer Firma in Curítiba, die Generatoren verkauft: Ein brasilianischer Kunde, Alexandre, ist am Kauf eines Generators interessiert. Herr Kohler kennt diesen Kunden schon etwas besser, ab und zu war er mit ihm essen gegangen. Da er weiß, dass es dem Kunden gerade finanziell nicht besonders gut geht, senkt er den Angebotspreis für den Generator.

»Ich war mit dem Preis schon so weit heruntergegangen, dass ich selbst nur sehr wenig Gewinn bei dem Verkauf gehabt hätte. Alexandre war das jedoch anscheinend noch nicht genug. Er versuchte den Preis soweit zu drücken, dass für mich gar kein Gewinn rausgesprungen wäre. Das fand ich schon etwas unverschämt.«

Wie erklären Sie sich das Verhalten von Alexandre?

– Lesen Sie die Antwortalternativen nacheinander durch.
– Bestimmen Sie den Erklärungswert jeder Antwortalternative für die gegebene Situation und kreuzen Sie ihn auf der darunter liegenden Skala entsprechend an. Es ist möglich, dass mehrere Antwortalternativen den gleichen Erklärungswert besitzen.

■ Deutungen

a) Aufgrund ständiger Preisänderungen im Zuge der Inflation kennt Alexandre den exakten Wert der Maschine nicht und kann den Gewinn von Herrn Kohler nicht einschätzen.

| sehr zutreffend | eher zutreffend | eher nicht zutreffend | nicht zutreffend |

b) Da Alexandre in finanzieller Not ist, versucht er bei jedem Geschäft, so viel wie möglich herauszuschlagen, um in der misslichen Lage wieder Fuß fassen zu können.

| sehr zutreffend | eher zutreffend | eher nicht zutreffend | nicht zutreffend |

c) Da die Beziehung zu Herrn Kohler über eine Geschäftsbeziehung hinausgeht, erwartet Alexandre, dass dieser auf seine missliche Lage Rücksicht nimmt.

| sehr zutreffend | eher zutreffend | eher nicht zutreffend | nicht zutreffend |

d) Alexandre wendet lediglich übliche Verhandlungstechniken an. Da Herr Kohler von Haus aus das Angebot sehr niedrig angesetzt hat, ist der Verhandlungsspielraum für Herrn Kohler schnell erschöpft, worüber sich Alexandre nicht im Klaren ist.

| sehr zutreffend | eher zutreffend | eher nicht zutreffend | nicht zutreffend |

– Versuchen Sie, Ihre Einstufungen jeder Antwortalternative zu begründen. Halten Sie die Begründung in schriftlicher Form stichpunktartig fest.
– Lesen Sie nun die Erläuterungen zu jeder Antwortalternative und vergleichen Sie diese mit Ihren Begründungen.

■ Bedeutungen

Erläuterung zu a):
Ende der achtziger und Anfang der neunziger Jahre herrschte in Brasilien eine hohe Inflation, die 1992 einen Spitzenwert von 2491 Prozent erreichte. Die tagtäglichen Preisänderungen führten dazu, dass sich die Brasilianer unsicher waren, welcher genaue Geldwert dem jeweiligen Produkt entsprach. Alexandre handelt demnach nicht vorsätzlich, da er lediglich versucht, durch Verhandeln den exakten Preis zu ermitteln. Dagegen spricht jedoch, dass die Inflation seit der Einführung der neuen Währung »Real« im Jahr 1994 weitgehend gestoppt werden konnte. Die Erklärung hätte vor zehn Jahren adäquat sein können, trifft jedoch in Anbetracht der heutigen Umstände nicht mehr zu.

Erläuterung zu b):
Brasilianer zeigen die Neigung, Gelegenheiten am Schopf zu packen, um sich einen Vorteil zu verschaffen, auch wenn dies einen Nachteil für ihr Gegenüber bedeutet. Alexandre versucht, die Situation zu seinen Gunsten auszunutzen. Gegen diese Erklärungsalternative spricht jedoch, dass Brasilianer sich nur dann so verhalten, wenn gar keine oder keine positive und persönliche Beziehung zum Geschäftspartner besteht, was jedoch hier nicht zutrifft. Zudem ist zu vermuten, dass Alexandre weiterhin an einer zukünftigen Zusammenarbeit mit Herrn Kohler interessiert ist und daher diese nicht bewusst aufs Spiel setzen würde. Somit ist diese Erklärung als eher unzutreffend einzuschätzen.

Erläuterung zu c):
In Brasilien existieren Geschäftsbeziehungen nicht nur auf sachlicher, sondern auch auf persönlicher Ebene. Bei hierarchisch gleichgestellten Geschäftspartnern, die eine gute Beziehung miteinander pflegen, wird solidarisches Verhalten erwartet, die über das Geschäftliche hinausgehen kann. Brasilianer sehen es als selbstverständlich an, dass man sich gegenseitig unterstützt. Alexandre erwartet von Herrn Kohler, dass dieser auf seine momentane finanzielle Notlage Rücksicht nimmt. Falls Herr Kohler ein-

mal seine Hilfe brauchen sollte, würde er sich dafür revanchieren. Die Selbstverständlichkeit, mit der Alexandre seine Forderungen stellt, deutet darauf hin, dass die von ihm erwartete Solidarität keine unverschämte Forderung für ihn darstellt. Damit beschreibt diese Antwort den kulturellen Hintergrund dieser Situation am Besten.

Erläuterung zu d):
Beim Aushandeln geben Verkäufer in Brasilien oftmals einen stark überteuerten Verkaufspreis vor, da brasilianische Käufer für gewöhnlich mit einem sehr niedrig angesetzten Einkaufspreis reagieren. Da Herr Kohler als Erstangebot schon einen sehr niedrigen Verkaufspreis äußert, reagiert Alexandre mit der üblichen Verhandlungtechnik und setzt sein Angebot ebenfalls niedrig an, im Glauben, dass Herrn Kohlers Angebot überteuert sei. Er versucht den Preis zu drücken, um sich mit Herrn Kohler in der Mitte zu treffen und einen in seinen Augen fairen Handel zu erreichen. Bei Alexandre muss allerdings vermutet werden, dass er eine Person von Fach ist und ihm der ungefähre Wert des Generators bekannt sein sollte. Somit gibt es eine passendere Erklärung für sein Verhalten.

■ Lösungsstrategie

In Deutschland herrscht die Überzeugung vor, dass von einem Geschäft beide Seiten profitieren sollten. Was können Sie nun anstelle Herrn Kohlers tun, wenn von Ihnen auf geschäftlicher Basis ein Freundschaftsangebot erwartet wird, durch das Sie zunächst keinen finanziellen Gewinn ziehen können?

Sie könnten das Problem auf sachliche Art lösen und dem Kunden sagen, dass der genannte Preis Ihr letztes Angebot ist und er es akzeptieren soll oder nicht. Sie könnten klar darlegen, dass Ihr Angebot nur geringfügig höher als der Einkaufspreis ist. Dabei müssen Sie allerdings bedenken, dass es sich bei Ihrem Vorgehen um eine betriebswirtschaftliche Entscheidung handelt, nämlich den Kunden zu behalten oder zu verlieren, eventuell sogar langfristig.

Sie könnten sich jedoch auch auf die Anforderungen einlassen, die an Sie als befreundeten Geschäftspartner gestellt werden. Drücken Sie Bedauern über die missliche finanzielle Lage des Anderen aus und zeigen Sie Mitgefühl. Wenn Sie Bemühungen zeigen, Ihrem Geschäftspartner zu helfen, indem Sie beispielsweise einen Freundschaftspreis unterbreiten, wird er es Ihnen immer zu danken wissen. Sie werden nicht nur einen treuen Kunden gewonnen haben, sondern auch einen Geschäftspartner, der stets bereit sein wird, Ihnen ebenfalls zu helfen. Wichtig ist hierbei, dass viel geredet wird. Wenn Sie sich zu schnell zugunsten des Kunden entscheiden, wird dieser denken, dass er in Zukunft immer mit geringeren Preisen rechnen kann. Des Weiteren könnten Sie auch Privates und Persönliches ansprechen und ausloten, wie ernst die Lage des Kunden tatsächlich ist, um Ihre Entscheidung besser treffen zu können. Wenn Sie dem Anderen also zeigen, dass Ihr Entgegenkommen eine Ausnahme darstellt und Sie hier menschlich und nicht geschäftlich handeln, werden Sie die Beziehung festigen und im Gegenzug kompromisslose Solidarität erfahren, falls Sie sich eines Tages in einer ähnlichen Situation befinden sollten.

■ Kulturelle Verankerung von »Personenorientierung«

Um effektiv und zufrieden stellend miteinander arbeiten zu können, muss man sich in den Augen der Brasilianer nicht nur auf beruflicher, sondern auch auf persönlicher Ebene gut verstehen. In geschäftlichen Erstkontakten wollen sie mit viel Zeit und echtem Interesse ihr Gegenüber kennen lernen, indem sie sich auch über persönliche Angelegenheiten austauschen. Ebenso bei bestehender Zusammenarbeit wird viel Wert darauf gelegt, dass bei einem geschäftlichen Kontakt nicht nur die sachliche, sondern auch die persönliche Ebene mit einbezogen wird (vgl. Situation »Fax aus Deutschland«). Eine positive persönliche Arbeitsbeziehung schafft eine Vertrauensbasis. Wenn dieses Vertrauen fehlt, kann unkooperatives Verhalten, wie das Zurückhalten wichtiger

Informationen, die Folge sein. Dadurch, dass die persönliche Beziehung eine derart große Bedeutung einnimmt, spielen schriftliche Vereinbarungen und rechtliche Grundlagen gegenüber persönlichen Aussagen und Informationen vor allem von guten Freunden, Bekannten oder Kollegen eine untergeordnete Rolle.

Des Weiteren fließen Gefühle in eine geschäftliche Beziehung ein. Gegenüber gleichgestellten Personen wird Solidarität erwartet, die über das Berufliche hinausgeht. Wenn Brasilianer sich in einer Notsituation befinden, kann es dazu kommen, dass sie Entgegenkommen oder Unterstützung erwarten, wie in der Situation »Kunde in finanzieller Not« beschrieben.

In der tagtäglichen Zusammenarbeit kommt es zudem häufig zu einer Vermischung des Arbeits- und Freizeitbereichs. Gemeinsame Freizeitaktivitäten verbessern die Zusammenarbeit. Brasilianer lernen meist durch die Arbeit ihre besten Freunde kennen.

Ein anderer Aspekt des Kulturstandards Personenorientierung besteht darin, dass Brasilianer Personen und Beziehungen zwischen Personen als einzigartig ansehen. Das äußert sich darin, dass Brasilianer sich stets darum bemühen, auch in der Arbeit ihr Gegenüber als Individuum zu behandeln. Deswegen kann eine gute Geschäftsbeziehung, die in Brasilien zwangsläufig persönlicher Art sein muss, nicht einfach auf eine dritte Person übertragen werden, sondern muss von ihr selbst etabliert werden (vgl. Situation »Kundengespräch«). Ähnlich verhält es sich mit mündlichen Abmachungen, die an die Personen gebunden sind, die sie ausgesprochen haben. Zusagen sind eher folgendermaßen zu verstehen: »Wenn es nur nach mir ginge, stünde der Einhaltung der Abmachung nichts im Wege, nachdem aber vieles dazwischen kommen kann, ist es lediglich sehr wahrscheinlich, dass die Abmachung eingehalten wird.« Behandelt man einen Brasilianer nicht als Individuum, sondern als Mitglied einer Gruppe, reagiert der Brasilianer empfindlich und oftmals mit Unverständnis, wie beispielsweise auf kollektive Bestrafungen durch den Vorgesetzten. Ihrer Meinung nach blendet der Chef individuelle Beweggründe, die zu dem Vergehen geführt haben, völlig aus.

Die Portugiesen, die sich zur Kolonialzeit in Brasilien ansiedelten, sahen sich nicht als Teil einer Gemeinschaft, sondern als Individuen, die ganz auf sich allein gestellt waren. Sie hatten eine gespaltene nationale Identität, da sie sich immer mehr von Portugal ablösten, sich jedoch noch nicht mit Brasilien identifizierten. Des Weiteren etablierten sie keine demokratische Machtverteilung, die zu einem Gemeinschaftsgefühl beigesteuert hätte. Jeder musste seinen Platz in der Gesellschaft allein finden. Da sich die Portugiesen nicht gegenüber einer brasilianischen Verfassung oder der Allgemeinheit verpflichten wollten, galt ihre Loyalität allein gegenüber einzelnen Personen. Die Sklaven besaßen aufgrund ihrer niedrigen Stellung in der Gesellschaft keine Chancen, sich auf die Verfassung oder das Recht zu berufen, um sozialen Ungerechtigkeiten entgegenzuwirken. Da sie keinen menschenrechtlichen Schutz genossen, bauten sie ein persönliches Beziehungsnetz auf, das ihnen beispielsweise finanzielle Absicherung für ihr Leben liefern konnte. Der Unwillen der Portugiesen, eine brasilianische Verfassung zu etablieren, und die Unmöglichkeit der Sklaven, Nutzen aus einer brasilianischen Verfassung zu ziehen, könnte die Einstellung des heutigen brasilianischen Volkes gegenüber Institutionen geprägt haben.

Sozioökonomische Faktoren spielen in Brasilien heute eine wichtige Rolle. Fehlende staatliche Unterstützung in wirtschaftlichen Krisenzeiten, bei Arbeitslosigkeit oder Krankheit, führen dazu, dass ein persönliches Beziehungsnetz die fehlende staatlich organisierte Hilfe kompensiert. Somit war und ist bis heute die persönliche Macht einzelner Personen oftmals größer als die Macht der staatlichen Institutionen.

◼ Themenbereich 2:
Interpersonelle Harmonieorientierung

◼ Beispiel 4: Mitarbeitergespräch

◼ Situation

Seit fünf Jahren arbeitet Herr Ganzer als Abteilungsleiter einer Bank in Brasília. Er trägt seiner brasilianischen Mitarbeiterin Lidiane auf, ein Unternehmen auf seine Kreditwürdigkeit zu prüfen. Als Lidiane ihm das Ergebnis zeigt, fallen ihm einige Fehler auf. Er erläutert Lidiane, wo etwas falsch ist, etwas fehlt oder was er anders ausdrücken würde. Lidiane wird während des Gesprächs immer stiller. Später berichtet die Sekretärin von Herrn Ganzer ihm, dass Lidiane sein Büro völlig aufgelöst verlassen hätte, mit der Überzeugung, sie würde entlassen werden. Herr Ganzer ist es ein Rätsel, warum sie das befürchtete. Er hatte nicht vor, sie zu entlassen, und hat auch keinerlei Andeutungen in diese Richtung gemacht.

Warum glaubt Lidiane, dass sie entlassen wird?

– Lesen Sie die Antwortalternativen nacheinander durch.
– Bestimmen Sie den Erklärungswert jeder Antwortalternative für die gegebene Situation und kreuzen Sie ihn auf der darunter liegenden Skala entsprechend an. Es ist möglich, dass mehrere Antwortalternativen den gleichen Erklärungswert besitzen.

◼ Deutungen

a) In Brasilien werden Mitarbeiter des Öfteren kurzfristig entlassen. Deshalb rechnet Lidiane damit, dass ihre mangelnde Aufgabenerledigung weit reichende Konsequenzen haben wird.

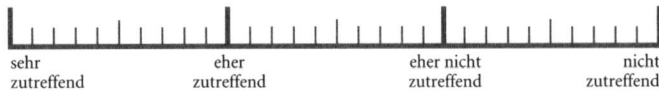

| sehr zutreffend | eher zutreffend | eher nicht zutreffend | nicht zutreffend |

b) Lidiane hat eine hohe Meinung von den fachlichen Fähigkeiten von Herrn Ganzer und schätzt ihre Kompetenzen als wesentlich geringer ein. Die Kritik veranlasst sie zu glauben, seinen Ansprüchen nicht gerecht zu werden.

| sehr zutreffend | eher zutreffend | eher nicht zutreffend | nicht zutreffend |

c) Die sachliche Kritik von Herrn Ganzer bezieht Lidiane auf ihre gesamte Person.

| sehr zutreffend | eher zutreffend | eher nicht zutreffend | nicht zutreffend |

d) Da Lidiane schon des Öfteren von Herrn Ganzer kritisiert wurde, erwartet sie das »Schlimmste«.

| sehr zutreffend | eher zutreffend | eher nicht zutreffend | nicht zutreffend |

– Versuchen Sie, Ihre Einstufungen jeder Antwortalternative zu begründen. Halten Sie die Begründung in schriftlicher Form stichpunktartig fest.
– Lesen Sie nun die Erläuterungen zu jeder Antwortalternative und vergleichen Sie diese mit Ihren Begründungen.

■ **Bedeutungen**

Erläuterung zu a):
Arbeitnehmer in Brasilien sind arbeitsrechtlich weniger geschützt als in Deutschland, da sie beispielsweise keinen Kündigungsschutz haben. Zusätzlich herrscht aufgrund der hohen Arbeitslosigkeit ein Arbeitskräfteüberschuss, der es Unternehmen leicht macht, neue, motivierte Arbeitskräfte zu finden. Lidiane

könnte tatsächlich Angst bekommen haben, dass ihre mangelhafte Aufgabenerledigung zu schwerwiegenden negativen Konsequenzen führt. Dennoch ist es auch in Brasilien ungewöhnlich, dass man aufgrund eines einmaligen Vorfalls entlassen wird, weshalb diese Erklärung unwahrscheinlich ist.

Erläuterung zu b):
Deutsche Vorgesetzte haben in Brasilien den Ruf, aufgrund guter Ausbildung über hohe fachliche Kompetenzen zu verfügen. Brasilianer schätzen ihre eigenen Fähigkeiten geringer ein und denken, diesen Standard nicht erreichen zu können. So treten sie Deutschen mit einem niedrigen Selbstbewusstsein entgegen. Lidiane könnte sich stark verunsichert gefühlt haben, als Herr Ganzer ihre Arbeit kritisiert hat. Da sie jedoch bei einem brasilianischen Chef in gleicher Weise reagiert hätte, kann diese Antwort ihr Verhalten nicht vollständig erklären.

Erläuterung zu c):
Eine positive, harmonische Arbeitsatmosphäre ist das Fundament einer zufrieden stellenden Arbeitsbeziehung in Brasilien. Lidiane interpretiert die Verbesserungsvorschläge von Herrn Ganzer als Kritik an ihrer Arbeit und ihrer Person. Ihrer Meinung nach beeinträchtigen die sachlich und konstruktiv gemeinten Anregungen von Herrn Ganzer die Harmonie. Lidiane denkt, dass Herr Ganzer sie als Person nicht schätzt und sie für fachlich inkompetent hält, da er keine Anstrengungen zeigt, eine harmonische Atmosphäre aufrecht zu erhalten. Diese Erklärung begründet am Besten das der Situation zugrunde liegende Verhalten von Lidiane.

Erläuterung zu d):
Differenzen zwischen Lidiane und Herrn Ganzer vor dem beschriebenen Vorfall könnten dazu geführt haben, dass sich Lidiane gegenüber Herrn Ganzer eher misstrauisch verhält. Diesbezügliche Hinweise existieren in der Situation jedoch nicht. Kontextuelle und persönlichkeitsspezifische Faktoren könnten somit als Grundlage für diese Erklärungsalternative dienen. Diese Erklärung ist jedoch keinesfalls auf alle Brasilianer zu verallgemeinern und ist somit eher unzutreffend.

■ Lösungsstrategie

Deutsche sind es gewohnt, direkt und offen miteinander umzu-
gehen, und sehen dies als den besten Weg an, Missverständnisse
zu vermeiden. Sachliche Kritik wird in der Arbeit nicht persönlich aufgefasst, sondern als konstruktiver Hinweis, um sich verbessern zu können. Das ist darauf zurückzuführen, dass Deutsche Person und Sache klar voneinander trennen. Brasilianer
jedoch sehen beides als untrennbar miteinander verbunden an.
Daher fühlen sich Brasilianer bei einer Kritik an ihrer Arbeit auch
im Persönlichen angesprochen.

Für Sie besteht nun, wie bei Herrn Ganzer, die Schwierigkeit
darin, Ihren Mitarbeiter auf Fehler aufmerksam zu machen und
trotzdem nicht offensichtlich zu kritisieren. Auf den ersten Blick
mag das unmöglich erscheinen, doch auch brasilianische Führungskräfte stehen vor diesem Dilemma – nur dass es ihnen nicht
bewusst ist, da sie von Haus aus die feinfühlige Art und Weise des
»Kritisierens« beherrschen. Es ist wichtig, dass Ihr Mitarbeiter
stets sein Gesicht wahren kann. Sie sollten es möglichst vermeiden, die Rolle des Korrektors einzunehmen, sodass ihr Mitarbeiter das Gefühl bekommt, ein Lehrling zu sein. Sie könnten ihm
die Gelegenheit geben, seinen Fehler selbst zu entdecken und sich
zu korrigieren. Sie könnten indirekt kommunizieren und sagen:
»Glauben Sie nicht, dass das anders besser wäre? Ich bin mir auch
nicht sicher, aber vielleicht könnte man das noch einmal überdenken ...« Loben Sie deutlich die positiven Aspekte der Arbeit,
um Ihrem Mitarbeiter nicht die Motivation zu nehmen. Heißen
Sie die Arbeit insgesamt gut und stellen Sie die Anstrengung als
positiv heraus. Sie sollten Ihrem Mitarbeiter das Gefühl vermitteln, dass Sie ihn schätzen, auch wenn eine Arbeit fehlerhaft ausgeführt wurde. Ihr Mitarbeiter wird die indirekten Hinweise zu
interpretieren wissen und sich darum bemühen, die Fehler zu
beseitigen.

■ Beispiel 5: Verhandlungen mit potenziellen Geschäftspartnern

■ Situation

Herr Wagner arbeitet seit knapp zwei Jahren bei einer deutschen Versicherung in Belo Horizonte. Seine Firma plant, mit einer brasilianischen Versicherung zu kooperieren. Obwohl Herr Wagner schon einen engeren Kontakt mit den Zuständigen der Versicherung pflegt und über einzelne Vertragsbestimmungen diskutiert worden war, hat er das Gefühl, dass sie nicht mit seiner Firma ins Geschäft treten wollen. Er berichtet über den Verhandlungsverlauf:

»Ich sagte zu ihnen ganz offen, wenn ihr interessiert seid, dann freut mich das, aber wenn ihr kein Interesse habt, dann sagt mir das bitte ganz klipp und klar. Sie bejahten daraufhin, gerne mit uns zusammenarbeiten zu wollen und versprachen, schnellstmöglich einen entsprechenden Vertrag aufzusetzen. Diesen würden sie mir schicken, dann könnte ich ihn mir anschauen und meine Meinung dazu abgeben. Ich habe ihn nie erhalten. Auf Nachfrage erklärten sie mir, sie würden ihn mir lieber persönlich vorbeibringen und sie würden sich melden, um einen Termin auszumachen. Nachdem sie sich nicht meldeten, habe ich nach einem Monat wieder bei ihnen angerufen. Einer der Zuständigen erklärte mir, dass viel los gewesen sei und sein Kollege gerade nicht da wäre. Er würde sich mit ihm einen Termin überlegen und mich dann gleich zurückrufen. Auch dem Versprechen, einen neuen Verhandlungstermin an zusetzen, kamen sie bis heute nicht nach. Seit dem letzten Gespräch ist jetzt schon ein Monat verstrichen.«

Warum ziehen sich die Verhandlungen zwischen Herrn Wagner und den brasilianischen Verhandlungspartnern so lange hin?

– Lesen Sie die Antwortalternativen nacheinander durch.
– Bestimmen Sie den Erklärungswert jeder Antwortalternative für die gegebene Situation und kreuzen Sie ihn auf der darunter liegenden Skala entsprechend an. Es ist möglich, dass mehrere Antwortalternativen den gleichen Erklärungswert besitzen.

◼ Deutungen

a) Da Brasilianer an mehreren Projekten gleichzeitig arbeiten, kommt es zu zeitlichen Engpässen. Die Erledigung einzelner Aufgaben beansprucht mehr Zeit.

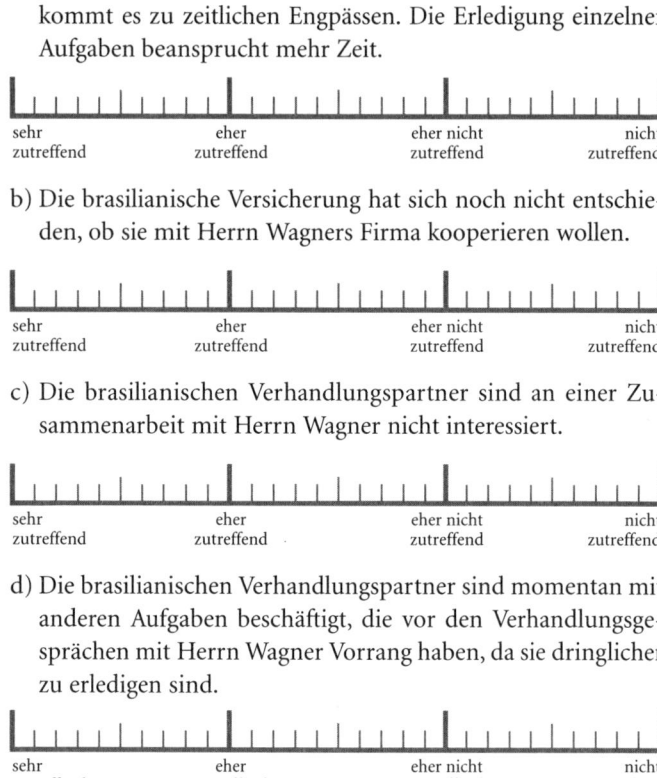

| sehr zutreffend | eher zutreffend | eher nicht zutreffend | nicht zutreffend |

b) Die brasilianische Versicherung hat sich noch nicht entschieden, ob sie mit Herrn Wagners Firma kooperieren wollen.

| sehr zutreffend | eher zutreffend | eher nicht zutreffend | nicht zutreffend |

c) Die brasilianischen Verhandlungspartner sind an einer Zusammenarbeit mit Herrn Wagner nicht interessiert.

| sehr zutreffend | eher zutreffend | eher nicht zutreffend | nicht zutreffend |

d) Die brasilianischen Verhandlungspartner sind momentan mit anderen Aufgaben beschäftigt, die vor den Verhandlungsgesprächen mit Herrn Wagner Vorrang haben, da sie dringlicher zu erledigen sind.

| sehr zutreffend | eher zutreffend | eher nicht zutreffend | nicht zutreffend |

– Versuchen Sie, Ihre Einstufungen jeder Antwortalternative zu begründen. Halten Sie die Begründung in schriftlicher Form stichpunktartig fest.
– Lesen Sie nun die Erläuterungen zu jeder Antwortalternative und vergleichen Sie diese mit Ihren Begründungen.

■ Bedeutungen

Erläuterung zu a):
Anstatt eine Aufgabe nach der anderen zu erledigen, ziehen es Brasilianer vor, an mehreren Dingen gleichzeitig zu arbeiten. Der zeitliche Aufwand, den einzelne Aufgaben benötigen, zieht sich zwangsläufig in die Länge. Das stetige Nachhaken von Herrn Wagner ist erfolglos, da die Brasilianer, selbst wenn sie wollten, seinen Forderungen nicht so schnell, wie von Herrn Wagner gewünscht, gerecht werden könnten. Dies erklärt die zeitlichen Verzögerungen, allerdings nicht, warum die Brasilianer wiederholt Herrn Wagner Hoffnung auf eine schnelle Vertragsabschließung geben. Daher trifft diese Antwort nur teilweise zu.

Erläuterung zu b):
In Brasilien wird mehr Zeit als in Deutschland darauf verwendet, Entscheidungen dieser Art zu treffen. Bevor eine Kooperation besiegelt wird, wollen die brasilianischen Verhandlungspartner von Herrn Wagner verschiedenste Verhandlungspunkte geklärt und diskutiert haben. Des Weiteren ist es für sie wichtig, eine persönliche Beziehung zu Herrn Wagner aufzubauen, der es einiger Zeit bedarf. Falls die brasilianischen Verhandlungspartner noch Zweifel hegen würden, könnten sie jedoch ein Treffen mit Herrn Wagner vereinbaren, um weitere Informationen einzuholen und Herrn Wagner besser kennen zu lernen. Da vonseiten der brasilianischen Verhandlungspartner diesbezüglich keine Bemühungen gezeigt werden, ist diese Erklärung eher unzutreffend.

Erläuterung zu c):
In Brasilien werden Absagen nie direkt mit einem Nein ausgesprochen, da ein Nein persönlich aufgenommen wird und daher verletzend wirkt. Dies beruht darauf, dass Person und Sache nicht voneinander getrennt betrachtet werden. Die brasilianischen Verhandlungspartner versuchen, auf indirektem Weg Herrn Wagner eine Absage zu erteilen. Eine positive Grundstimmung kann gewahrt werden. Gleichzeitig drücken sie dadurch aus, dass sie Herrn Wagner als Person und Geschäftsmann schätzen, obwohl gerade eine Zusammenarbeit nicht möglich ist. Diese Erklä-

rung beschreibt am Besten das Verhalten der brasilianischen Verhandlungspartner.

Erläuterung zu d):

Brasilianer nehmen des Öfteren mehrere Aufträge zur gleichen Zeit an. Da sie nicht alle synchron bearbeiten können, müssen Prioritäten gesetzt werden. Die brasilianischen Verhandlungspartner könnten die Zusammenarbeit mit Herrn Wagner als nicht vorrangig wichtig angesehen haben, sodass anfallende Termine mit ihm stets beiseite geschoben werden. Das wiederholte Nachhaken von Herrn Wagner hätte jedoch dazu führen müssen, dass sie nun der Zusammenarbeit Priorität einräumen, damit Herr Wagner nicht abspringt. Somit ist es unwahrscheinlich, dass diese Erklärung die Ursache des Verhaltens der brasilianischen Verhandlungspartner beschreibt.

■ Lösungsstrategie

In dieser Situation besteht das Problem darin, dass Brasilianer oftmals implizit kommunizieren, um Absagen zu erteilen. Hierbei ist es schwierig für Deutsche, indirekte Signale wahrzunehmen und die Botschaft richtig zu interpretieren. Deutsche sind eine direkte und offene Kommunikation gewohnt und empfinden Offenheit als Ehrlichkeit. Das diplomatische Ausweichmanöver der brasilianischen Verhandlungspartner wirkt auf Herrn Wagner unaufrichtig, weil ihm nicht klar wird, ob sie interessiert sind oder nicht. Für Sie stellt sich nun die Frage, wie Sie anstelle Herrn Wagners die verbalen und nonverbalen Signale der Brasilianer richtig interpretieren können.

In der geschilderten Situation zeigen sich die Brasilianer sehr passiv, was die Kontaktaufnahme mit Herrn Wagner betrifft. Wenn die Brasilianer tatsächlich interessiert gewesen wären, hätten sie mehr Initiative gezeigt und Herrn Wagner beispielsweise in die Firma eingeladen, um sich über konkrete Verhandlungsschritte zu unterhalten. Die wiederholte Entschuldigung, dass es zu viel Arbeit gegeben hätte, um sich bei Herrn Wagner zu melden, deutet darauf hin, dass sie nicht interessiert waren. Die Betonung liegt hierbei auf »wiederholt«, da Brasilianer tatsächlich einen Rückruf oder dergleichen ein- oder zweimal vergessen können, weil sie mit vielen anderen Arbeitsaufträgen gleichzeitig beschäftigt waren.

Sie können nun in einer solchen Situation ganz direkt nachfragen, ob ein Interesse hinsichtlich einer Zusammenarbeit besteht, allerdings wird Ihnen das nicht weiterhelfen, da Sie damit sozusagen eine »andere Sprache« als die der Brasilianer sprechen. Um die Beziehung zu wahren und die Konfrontation zu vermeiden, werden sich die brasilianischen Geschäftspartner stets freundlich und interessiert zeigen. Sie werden sich mehr Klarheit verschaffen können, wenn Sie wie Herr Wagner stets nachfragen und sich nach einer gewissen Zeit durch Interpretation des Kontexts vergewissern können, dass Ihre Geschäftspartner doch nicht interessiert sind. Wenn Sie nachhaken, verwenden Sie ebenfalls eine indirekte Art der Kommunikation. Sie könnten ein Telefongespräch mit anderen Themen beginnen und dabei erwähnen, dass Sie etwas über die Firma in der Zeitung gelesen hätten und mehr darüber wissen möchten. Nebenbei fragen Sie nach, ob es ihnen schon möglich gewesen wäre, einen Vertrag aufzusetzen. Das indirekte Nachhaken zieht den Vorteil mit sich, dass die Brasilianer den Grund Ihres Anrufs verstehen werden und ihr Gesicht gleichzeitig gewahrt bleibt, sodass sie sich eher um Ihr Anliegen bemühen.

▓ Beispiel 6: Kundenprobleme

▓ Situation

Frau Derker lebt seit einem Jahr in Brasilien und ist Abteilungsleiterin einer deutschen Firma in São Paulo. Am Anfang ihres Arbeitseinsatzes gewinnt sie zusammen mit ihren brasilianischen Mitarbeitern eine große Firma als Kunden. Die folgende Betreuung des Kunden übernehmen ihre Mitarbeiter. Auf Nachfragen bei ihren Mitarbeitern wird ihr mitgeteilt, es gebe keine Probleme mit dem Kunden. Per Zufall erfährt sie jedoch nach einem halben Jahr, dass der Kunde in letzter Zeit nicht mehr bei der Firma bestellt hat. Aufgrund eigener Nachforschungen stellt sich heraus, dass der Kunde die Qualität des Produkts bemängelt. Frau Derker versteht nicht, warum ihr derart wichtige Informationen nicht früher von ihren Mitarbeitern gemeldet werden.

Warum haben die brasilianischen Mitarbeiter die Information nicht an Frau Derker weitergegeben?

– Lesen Sie die Antwortalternativen nacheinander durch.

– Bestimmen Sie den Erklärungswert jeder Antwortalternative für die gegebene Situation und kreuzen Sie ihn auf der darunter liegenden Skala entsprechend an. Es ist möglich, dass mehrere Antwortalternativen den gleichen Erklärungswert besitzen.

■ Deutungen

a) Frau Derker wird als Chefin nicht akzeptiert, da sie eine Frau ist. Ihren Unmut über eine weibliche Vorgesetzte zeigen ihre Mitarbeiter in unkooperativem Arbeitsverhalten.

| sehr zutreffend | eher zutreffend | eher nicht zutreffend | nicht zutreffend |

b) Einer der Mitarbeiter trägt die Hauptschuld daran, dass der Kunde Qualitätsprobleme mit dem Produkt gemeldet hat. Sie wollen ihn schützen und haben deshalb dieses Problem nicht an die Chefin weitergeleitet.

| sehr zutreffend | eher zutreffend | eher nicht zutreffend | nicht zutreffend |

c) Die Mitarbeiter versuchen zunächst, das Problem selbst zu lösen, um sich einer möglichen Kritik durch die Chefin zu entziehen.

| sehr zutreffend | eher zutreffend | eher nicht zutreffend | nicht zutreffend |

d) Die Mitarbeiter glauben, dass sich die Qualitätsprobleme mit der Zeit von selbst lösen werden. Sie sehen keinen Sinn darin, die Reklamationen an ihre Chefin weiterzuleiten, und damit unnötigerweise Aufsehen zu erregen.

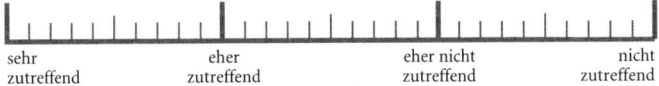

sehr	eher	eher nicht	nicht
zutreffend	zutreffend	zutreffend	zutreffend

– Versuchen Sie, Ihre Einstufungen jeder Antwortalternative zu begründen. Halten Sie die Begründung in schriftlicher Form stichpunktartig fest.
– Lesen Sie nun die Erläuterungen zu jeder Antwortalternative und vergleichen Sie diese mit Ihren Begründungen.

▓ Bedeutungen

Erläuterung zu a):
Frauen sind als Führungskräfte in Brasilien eher seltener vertreten. Für die brasilianischen Mitarbeiter stellt es eine ungewohnte Situation dar, den Anweisungen einer Frau folgen zu müssen. Dennoch werden Frauen in Führungspositionen normalerweise akzeptiert. Zusätzlich spricht gegen diese Erklärung, dass Brasilianer die Fachkompetenz der Deutschen generell schätzen und ihnen respektvoll entgegentreten. Diese Antwort ist als unzutreffend einzustufen.

Erläuterung zu b):
In Brasilien herrscht auf gleicher hierarchischer Ebene große gegenseitige Kollegialität. Die Mitarbeiter könnten alles daran gesetzt haben, dass Probleme, die von einem Kollegen generiert wurden, nicht an eine höhere Ebene gelangen. In der Situation handelt es sich jedoch um Qualitätsprobleme, für deren Zustandekommen nicht ein Einziger verantwortlich gemacht werden kann. Deshalb kann diese Begründung das Verhalten der brasilianischen Mitarbeiter nicht schlüssig erklären.

Erläuterung zu c):
Brasilianer tendieren dazu, Konfrontationen und Konflikten aus dem Weg zu gehen. Sie bemühen sich stets, eine harmonische

Arbeitsatmosphäre aufrechtzuerhalten. Probleme werden deshalb vorerst mithilfe gleichgestellter Kollegen gelöst. Eine voreilige Weiterleitung der Probleme an die Chefin könnte zu Nachforschungen ihrerseits und somit zwangsläufig zu einer Konfrontation führen. Das Vorenthalten der Information, um einen Konflikt zu vermeiden, beschreibt den kulturellen Hintergrund dieser Situation am Besten.

Erläuterung zu d):
In Brasilien unterliegt der Arbeitsalltag ständigen Veränderungen durch die Dynamik der Wirtschaft und Politik. Ein Problem, das heute noch besteht, kann morgen durch veränderte Bedingungen nicht mehr relevant sein. Die Mitarbeiter von Frau Derker zeigen eine typisch brasilianische Haltung, indem sie bei Problemen erst einmal abwarten und beobachten, wie sich die Dinge entwickeln. In dieser Situation erkundigt sich Frau Derker gezielt bei ihren Mitarbeitern nach dem Kunden. Würden die Mitarbeiter glauben, dass sich das Problem von alleine löst, hätten sie dies auch ihrer Chefin aufgrund der direkten Nachfrage mitteilen können. Da sie dies nicht tun, ist diese Erklärung eher unzutreffend einzuschätzen.

▉ Lösungsstrategie

Brasilianer zeigen ein außerordentliches Bedürfnis nach Konfliktfreiheit. Berufliche Probleme, die in einer Kritik oder einem Konflikt münden können, werden gemieden. Brasilianer leiten kleine und weniger wichtige Probleme an die Führungskraft weiter – mit dem Wissen, dass die Konsequenzen nicht schwerwiegend sein werden und kein Konflikt entstehen wird. Ein großes Problem wird jedoch vor der Führungskraft geschönt dargestellt oder gänzlich verschwiegen. Was können Sie nun in einer solchen Situation als Führungskraft tun, um trotzdem an wichtige Informationen über Probleme zu gelangen?

Wichtig ist, dass Ihre Mitarbeiter Vertrauen zu Ihnen entwickeln. Dies erreichen Sie mit einem mitarbeiterorientierten Führungsstil, indem Sie Ihre Mitarbeiter wertschätzen, ihnen Achtung entgegenbringen und sich für dialogische Gespräche öffnen. Stellen Sie klar, dass Fehler erlaubt sind und jedem passieren können und somit nicht bestraft werden, solange sie nicht auf mangelnde Motivation zurückzuführen sind. Achten Sie darauf, dass Sie einmal erarbeitetes Vertrauen nicht verspielen, indem Sie anstelle Frau Derkers direkt beim Kunden anrufen, um sich nach Qualitätsproblemen zu erkundigen, und somit Misstrauen gegenüber ihren Mitarbeitern zeigen. Das bedeutet nicht, dass Sie nicht kontrollieren sollen. Es ist sogar angebracht, dass Sie sich stets durch Gespräche mit Ihren Mitarbeitern auf dem Laufenden halten, die aus informellen und beiläufigen Nachfragen bestehen oder auch aus dem Austausch harter Fakten, wie etwa den Verkaufszahlen.

Direktes Nachfragen ist wenig Erfolg versprechend, da Brasilianer reflexartig ausweichend antworten werden. Sie könnten indirekt nachfragen: »Ich wollte mich mal erkundigen, mit welchen Kunden die Zusammenarbeit besonders gut verläuft und mit welchen weniger gut und warum das wohl so ist.« Sie können in einem größeren Rahmen auch Workshops anbieten, in denen Ihre Mitarbeiter durch Fallbeispiele im betriebsinternen Umgang mit Kundenproblemen geschult werden. Sie können deutlich machen, dass Ihnen der ungehinderte Informationsfluss wichtig ist und auch darlegen, warum er unverzichtbar ist. Ein Ansprechen von Fallbeispielen, in denen ihre Mitarbeiter nicht direkt verwickelt waren, ermöglicht Ihren Mitarbeitern eine Bewusstwerdung der von Ihnen angesprochenen Thematik, ohne dass Ängste vonseiten der Mitarbeiter, persönliche Kritik zu erfahren, die mit der Informationsübergabe verbundene Intention beeinträchtigen.

◼ Kulturelle Verankerung von »Interpersonelle Harmonieorientierung«

Brasilianer bevorzugen es, mit ihren Mitmenschen in Harmonie zu arbeiten und zu leben. Das meist verwendete Mittel, um eine positive Grundstimmung zu erzeugen, ist der ständige Austausch von Höflichkeitsfloskeln. Wird auf solche Höflichkeitsfloskeln verzichtet, signalisiert dies einem Brasilianer, dass das Gegenüber es nicht für Wert hält, eine positive Beziehung zu ihm aufzubauen, und er reagiert gekränkt. Sprachroutinen wie »Komm doch am Wochenende mal vorbei« sind ebenfalls unter diesem Aspekt zu sehen. Meistens will sich der Interaktionspartner nur höflich verabschieden und demonstrieren, dass er den anderen schätzt, gemeint ist damit jedoch nicht, dass er ihn wirklich zum Wochenende einladen will.

Ein weiteres Mittel der Bewahrung einer harmonischen Atmosphäre ist, Absagen oder Kritik auf indirekte Weise zu äußern, wie in der Situation »Verhandlungen mit potenziellen Geschäftspartnern« oder »Mitarbeitergespräch« beschrieben. Wird eine Absage oder Kritik indirekt vermittelt, wird das Gegenüber nicht bloßgestellt, wodurch alle Beteiligten ihr Gesicht wahren können. Dies hat zur Folge, dass man selten von Brasilianern ein »Nein« zu hören bekommt. Ein »Nein« bedeutet immer eine Ablehnung des Anderen und signalisiert mangelnde Bereitschaft, *es zumindest zu versuchen*. Daher versuchen Brasilianer, das endgültige »Nein« durch vage Formulierungen zu ersetzen. Eine sachliche und direkt geübte Kritik bringt sie in Verlegenheit, da sie nicht mit den üblichen Gesicht wahrenden Ausflüchten auf die Kritik reagieren können. Sie fühlen sich bloßgestellt und reagieren verletzt. Diese Kränkung drücken sie aus, indem sie sich »stur stellen« oder mit einer Flucht nach vorn in Form von Ausreden reagieren.

Notwendigerweise führt die brasilianische Harmonieorientierung auch zu einer Konfliktvermeidung. Sieht man voraus, dass ein Konflikt entstehen könnte, versucht man von vornherein, diesen zu verhindern, wie in der Situation »Kundenprobleme« beschrieben. Wenn die Harmonie durch einen ausgetragenen Konflikt, wie einem sachlichen Kritikgespräch, gestört wurde, wird die sachliche Kritik persönlich aufgefasst und daher auf persönlicher Ebene ausgetragen. So lässt sich erklären, warum Brasilianer in solchen Situationen beleidigt reagieren und den persönlichen Kontakt zu der Person, die Kritik geübt hat, meiden.

Die für Brasilianer typische Harmonieorientierung im zwischenmenschlichen Bereich kann man auf den arabischen Einfluss der

Portugiesen zurückführen. Portugal war lange Zeit von den Arabern besetzt, was zu einer ethnischen und kulturellen Vermischung führte, sodass auch arabische Verhaltensweisen, wie Höflichkeit, »Gesichtwahren« und Aufrechterhaltung von gesellschaftlicher Harmonie die portugiesische Kultur prägten. Direkte Kritik wurde in der arabischen Kultur möglichst vermieden, um das Gegenüber nicht bloßzustellen oder zu beleidigen. Vermutlich brachten die Portugiesen diese ursprünglich arabischen Verhaltensweisen während der Kolonisierung im 16. Jahrhundert mit nach Brasilien.

Zur Zeit der Sklaverei befahl in Brasilien der Herr; die Sklaven mussten gehorchen. Gegenüber Brasilianern, die nicht Sklaven waren, wurden Aufträge als Bitte formuliert, um sie vom Sklavenstand abzugrenzen. In der heutigen Zeit fühlen sich brasilianische Mitarbeiter daher degradiert, wenn ihr Chef ihnen Aufträge anbefiehlt und diese nicht als Bitte formuliert. Arbeit ist für sie keine Verpflichtung, sondern ein Gefallen, den sie ihrem Chef leisten. Unter diesem Aspekt ist auch der Unwille von brasilianischen Mitarbeitern zu verstehen, wenn sie vom Chef direkt auf Fehler aufmerksam gemacht werden. Daher erwarten brasilianische Mitarbeiter von ihrem Chef, in indirekter Auftrags- und Umgangsform auf ihre Pflichten und Fehler hingewiesen zu werden.

Die Sklaven hatten ihren Herren zu gehorchen, auch wenn sie die Anordnungen als sinnlos erachteten. Die Macht lag in den Händen der Kolonialherren und der Capitãos, weshalb eine Verweigerung von Befehlen keine Wirkung gezeigt hätte. Um nicht in Schwierigkeiten mit dem Gesetz und mit ihren Vorgesetzten zu geraten, mied das brasilianische Volk Konflikte und versuchte, ihre Interessen auf dem indirekten, nicht konfrontativen Weg zu erreichen. Für sie stellte der indirekte Weg die einzige Möglichkeit dar, nach außen hin die Harmonie zu bewahren – mit dem Ziel, einzelne Bedürfnisse befriedigen zu können. Der beschriebene Umgang mit Problemen der Brasilianer zur Zeit der Kolonisierung könnte ein Anhaltspunkt sein, um den zwischenmenschlichen Umgang der Brasilianer heute zu erklären.

Plannerer

Themenbereich 3: Kontakt- und Kommunikationsfreudigkeit

Beispiel 7: Einladung zum Strandhaus

Situation

Herr Becker ist vor zwei Wochen nach Rio de Janeiro gekommen, um für ein Jahr als Praktikant in einem deutschen Unternehmen zu arbeiten. Da er noch fast niemanden aus der Firma kennt, freut er sich umso mehr, als er von seinem Arbeitskollegen Alberto eingeladen wird. Alberto schlägt vor, ein Wochenende zusammen im Strandhaus seiner Freundin zu verbringen. Herr Becker wundert sich, so schnell eingeladen zu werden. Schließlich kennen sich beide noch gar nicht richtig. Als die Einladung dann auch tatsächlich eingehalten wird, freut er sich sehr.

Warum hat Alberto Herrn Becker so schnell eingeladen?

– Lesen Sie die Antwortalternativen nacheinander durch.
– Bestimmen Sie den Erklärungswert jeder Antwortalternative für die gegebene Situation und kreuzen Sie ihn auf der darunter liegenden Skala entsprechend an. Es ist möglich, dass mehrere Antwortalternativen den gleichen Erklärungswert besitzen.

Deutungen

a) Alberto will Herrn Becker persönlich kennen lernen, da sie in Zukunft zusammenarbeiten werden.

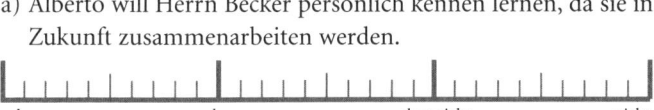

| sehr
zutreffend | eher
zutreffend | eher nicht
zutreffend | nicht
zutreffend |

b) Alberto möchte Herrn Becker, der neu und fremd in Brasilien ist und kaum jemanden kennt, den Einstieg in Brasilien mit der Einladung etwas erleichtern.

| sehr zutreffend | eher zutreffend | eher nicht zutreffend | nicht zutreffend |

c) Alberto freut sich, einen neuen Arbeitskollegen zu haben, da er darin eine Möglichkeit sieht, eine neue Bekanntschaft zu knüpfen.

| sehr zutreffend | eher zutreffend | eher nicht zutreffend | nicht zutreffend |

d) Alberto erhofft sich, dass er bei Freunden und Kollegen an Ansehen gewinnt, wenn er eine Bekanntschaft zu einem Ausländer unterhält, der aus einem wirtschaftlich fortschrittlichen Land wie Deutschland kommt.

| sehr zutreffend | eher zutreffend | eher nicht zutreffend | nicht zutreffend |

– Versuchen Sie, Ihre Einstufungen jeder Antwortalternative zu begründen. Halten Sie die Begründung in schriftlicher Form stichpunktartig fest.
– Lesen Sie nun die Erläuterungen zu jeder Antwortalternative und vergleichen Sie diese mit Ihren Begründungen.

▪ Bedeutungen

Erläuterung zu a):
Die Arbeit wird in Brasilien eher durch die persönliche als durch die kollegial geprägte Berufsbeziehung beeinflusst. Alberto bemüht sich, durch die Einladung eine gute Beziehung zu Herrn Becker aufzubauen. Diese Erklärung ist nur teilweise treffend, weil sie die Situation nicht ausreichend erklärt. Alberto hätte eine derartige Einladung auch gegenüber einer privaten Bekannt-

schaft ausgesprochen. Das Arbeitsverhältnis zu verbessern, ist also nur ein Nebenaspekt der Einladung.

Erläuterung zu b):
Das Ausleben von Emotionen spielt bei den Brasilianern eine wichtige Rolle. Gefühle und weniger rationale Gründe bestimmen des Öfteren ihr Verhalten. Alberto empfindet Mitleid mit Herrn Becker, da er annimmt, dass dieser sich in São Paulo noch nicht heimisch fühlt. Die Erklärung trifft jedoch eher nicht zu, da Alberto einen zu großen Aufwand auf sich nimmt. Mitleid als alleiniger Beweggrund würde sich eher darin äußern, Herrn Becker auf eine abendliche Caipirinha einzuladen. Einen fast fremden Kollegen für ein Wochenende zum Strandhaus einer Freundin mitzunehmen, weist darauf hin, dass noch eine andere Ursache Alberto bewegt hat, diese Einladung auszusprechen.

Erläuterung zu c):
Brasilianer haben großes Interesse an ihren Mitmenschen. Dieses zeigt sich unter anderem darin, dass sie gegenüber Personen sehr aufgeschlossen sind, die sie noch nicht näher kennen. Sie lernen freudig neue Leute kennen und zeigen sich sehr interessiert und neugierig an anderen Lebensweisen. Alberto hat vermutlich keine Hintergedanken, als er Herrn Becker einlädt. Er freut sich lediglich, eine weitere Bekanntschaft knüpfen zu können. Diese Antwort beschreibt am Besten das Verhalten von Alberto.

Erläuterung zu d):
Das Ansehen und der gesellschaftliche Status spielen in Brasilien eine große Rolle. Das Ansehen kann durch Statussymbole erhöht werden, aber auch dadurch, dass man Freundschaften zu Ausländern vorweisen kann. Fast alles, was aus dem Ausland kommt, vornehmlich aus den Industrieländern, wird von Brasilianern hoch geschätzt. Alberto verspricht sich von einer Bekanntschaft zu Herrn Becker ein höheres Ansehen. Alberto hätte jedoch die Einladung auch ausgesprochen, wenn Herr Becker Brasilianer wäre. Es ist davon auszugehen, dass hier ein anderer Aspekt maßgebender für das Verhalten von Alberto ist.

■ Lösungsstrategie

Das ausgesprochene Bedürfnis der Brasilianer, Bekanntschaften zu knüpfen und Smalltalk zu betreiben, wirkt auf Deutsche in der Arbeit oftmals aufdringlich. Sie denken, das sei für die Arbeit nicht vonnöten. Deutsche zeigen sich in der Arbeit eher zielstrebig und konzentriert und hinterlassen bei Brasilianern einen eher verschlossenen und distanzierten Eindruck. Im Freizeitbereich freuen sich jedoch auch Deutsche über die Leichtigkeit, mit der sie neue Leute kennen lernen können.

Sie werden sich wahrscheinlich fragen, ob Sie derartige Einladungen bedenkenlos annehmen können oder damit rechnen müssen, dass von Ihnen eines Tages eine Gegenleistung erwartet wird. Wenn Sie wie Herr Becker von einem gleichgestellten oder sogar von einem höher gestellten Kollegen eingeladen werden, können Sie diese normalerweise bedenkenlos annehmen. Falls Sie solche Einladungen mehrmals ohne erklärten Grund ausschlagen, signalisiert das den Brasilianern, dass Sie an einem näheren Kennenlernen nicht interessiert sind und die Zusammenarbeit wird negativ beeinflusst. Sagen Sie also einfach zu und genießen Sie den Ausflug.

Sie sollten sich generell darauf einstellen, dass Brasilianer den persönlichen Kontakten und Gesprächen sehr viel Wert beimessen. Brasilianer sehen in den zahlreichen Kaffeepausen und dem Smalltalk keinen Zeitverlust, sondern einen Zeitgewinn. Auf diese informelle Weise können betriebsinterne Informationen ausgetauscht werden. Außerdem muss für Brasilianer die Arbeit Spaß machen. Diesen haben sie, wenn sie sich mit ihren Arbeitskollegen über persönliche Angelegenheiten unterhalten. Das führt zwangsläufig dazu, dass effektive Arbeitszeiten über den Tag verteilt sind, sodass Brasilianer oftmals länger als acht oder neun Stunden täglich in der Firma bleiben.

Seien Sie also als Vorgesetzter darauf gefasst, dass Ihre Mitarbeiter viel Zeit auf »Plaudereien« verwenden und dies auch als vollkommen legitim ansehen. Auch Sie können hiervon profitieren: Wenn Sie wissen möchten, wie die Stimmung bei den Mitarbeitern ist oder wie ihre tatsächliche Einstellung zum neuen Projekt ist, dann nutzen Sie diese informellen Kommunikationswege. Fragen Sie beiläufig beim Kaffeetrinken oder auf dem Korridor danach – und Sie werden mehr erfahren, als wenn Sie Ihre Mitarbeiter öffentlich auf der nächsten Sitzung danach fragten.

■ Verankerung von »Kontakt- und Kommunikationsfreudigkeit«

Brasilianer zeigen ein grundlegendes Interesse an ihren Mitmenschen, auch wenn sie sie noch nicht kennen. Sie gehen gerne auf fremde Personen zu, um sich mit ihnen zu unterhalten, sie kennen zu lernen und auch um gemeinsame Aktivitäten voranzutreiben. Sie knüpfen neue Kontakte, um ihren Lebensalltag lebendiger und interessanter zu gestalten. Oftmals kommt es dabei bereits bei der ersten Begegnung zu persönlichen Fragen, was Deutsche als neugierig auslegen. Brasilianer sprechen unaufgefordert über ihre eigenen persönlichen Angelegenheiten. Wenn sich im Gespräch Gemeinsamkeiten herauskristallisieren, werden meist sogleich gemeinsame Aktivitäten geplant. Aufgrund dieser Aufgeschlossenheit verfügen Brasilianer über einen sehr großen Bekanntschafts- und Freundeskreis, dessen Aufnahmekriterium gemeinsame Interessen und nicht die ethnische, kulturelle oder nationale Zugehörigkeit sind. Dabei spielt auch der Hintergedanke hinein, dass jeder neue Kontakt ihnen zukünftig privat oder vielleicht auch beruflich von Nutzen sein könnte. Brasilianer pflegen viele Bekanntschaften, wobei der eine oder andere einem in einer schwierigen Situation in der Zukunft vielleicht weiterhelfen könnte.

Ausländer wecken besonderes Interesse bei den Brasilianern; Brasilianer wählen im Vergleich zu Deutschen ihre Urlaubsziele innerhalb ihres eigenen Landes. Brasilien ist ein sehr großes Land und bietet durch seine Vielfältigkeit zahlreiche Urlaubsmöglichkeiten. Brasilianer sind daher neugierig, mehr über einen Ausländer und sein Land zu erfahren. Sie sind sehr gastfreundlich gegenüber Fremden. So wird man als Ausländer oft bereits nach einer ersten Begegnung zu einem Fest oder sogar Wochenendausflug eingeladen.

Unterhaltungen in den ersten Begegnungen sind eher durch inhaltlich belanglosen Smalltalk geprägt. Smalltalk dient in der Arbeit dazu, eine angenehme Arbeitsatmosphäre zu schaffen.

Arabische Kulturen zeichnen sich durch große Gastfreundlichkeit aus. Man möchte Fremden die Heimat von ihrer schönsten Seite zeigen. Dieses Verhalten hat sich durch die Vermischung der Portugiesen mit den Arabern auch bei dem portugiesischen Volk entwickelt. Es ist anzunehmen, dass die Brasilianer die Gastfreundlichkeit der Portugiesen übernommen haben. Brasilianer sind sehr stolz auf ihr Volk und ihr Land. Ausländer sollen sich in ihrem Land »wohlfühlen« und es schätzen lernen. Um dies zu unterstützen, zeigen sie sich sehr gastfreundlich.

Die portugiesische Bevölkerung setzt sich vor allem seit dem 16. Jahrhundert aus mehreren unterschiedlichen Kulturen, aus Europäern und Nordafrikanern zusammen, deren Vermischung zu einem ethnischen Schmelztiegel führte. Dies war jedoch nur deshalb möglich, da die Portugiesen eine gewisse Aufgeschlossenheit und Toleranz gegenüber Fremden aus der Zeit der arabischen Herrschaft übernommen hatten. Vermutlich hat die Aufgeschlossenheit der Portugiesen bleibenden Einfluss bei den Brasilianern hinterlassen.

Brasilien selbst wurde durch zahlreiche Einwanderer im 20. Jahrhundert mit den verschiedensten ethnischen Gruppen konfrontiert. Anstatt die einzelnen ethnischen Gruppen nebeneinander leben zu lassen, wurde versucht, alle zu integrieren und eine »neue« brasilianische kulturelle Identität wachsen zu lassen. Das daraus entstandene stark ausgeprägte Einheitsgefühl der Brasilianer konnte in Anbetracht der ethnischen Vielfalt nur durch Toleranz und großer Aufgeschlossenheit gegenüber Fremden entstehen.

■ Themenbereich 4: Emotionalismus

■ Beispiel 8: Umstrukturierung der Firma

■ Situation

Herr Kumper lebt seit sieben Jahren in Brasilien und arbeitet als Geschäftsführer in einer deutschen Getränkefirma in São Paulo. Eine von ihm engagierte Marketingfirma schlägt vor, die Aufgabengebiete in der Firma gezielter zu verteilen. Dazu sollen bestimmte Abteilungen geteilt und mit neuen Managern besetzt werden. Um diesen Vorschlag mit seinen brasilianischen Mitarbeitern zu diskutieren, beruft Herr Kumper eine Besprechung ein. Als Erstes befragt er den Controller, um die finanzielle Situation der Firma zu klären. Dieser berichtet, dass Neueinstellungen von Managern derzeit finanziell nicht durchführbar wären. Nachdem die finanzielle Seite geklärt ist, entsteht eine große Diskussion. Die Mitarbeiter besprechen angeregt, wo man überall neue Manager einstellen müsste. Herrn Kumper ist es unbegreiflich, warum die Mitarbeiter über Einzelheiten diskutieren, wenn klargestellt ist, dass aktuell aus finanziellen Gründen keine Neueinstellungen möglich sind.

Warum diskutieren die brasilianischen Mitarbeiter Ideen, die finanziell nicht durchführbar sind?

– Lesen Sie die Antwortalternativen nacheinander durch.
– Bestimmen Sie den Erklärungswert jeder Antwortalternative für die gegebene Situation und kreuzen Sie ihn auf der darunter liegenden Skala entsprechend an. Es ist möglich, dass mehrere Antwortalternativen den gleichen Erklärungswert besitzen.

▪ Deutungen

a) Der Vorschlag der Marketingfirma regt die Diskussionsfreudigkeit der Mitarbeiter an. Es gefällt ihnen, unterschiedlichste Lösungsmöglichkeiten zu diskutieren, da sie sich kreativ einbringen können.

sehr zutreffend	eher zutreffend	eher nicht zutreffend	nicht zutreffend

b) Die Mitarbeiter fühlen sich für den finanziellen Bereich der Firma nicht zuständig. Sie sehen in der Besprechung ihre Aufgabe darin, möglichst viele Ideen zu sammeln.

sehr zutreffend	eher zutreffend	eher nicht zutreffend	nicht zutreffend

c) Die Mitarbeiter sind von dem Vorschlag der Marketingfirma begeistert. Sie lassen sich davon hinreißen und blenden den rationalen, hier finanziellen Einwand aus.

sehr zutreffend	eher zutreffend	eher nicht zutreffend	nicht zutreffend

d) Die Mitarbeiter sind es nicht gewohnt, an größeren Planungsprozessen beteiligt zu werden. Sie freuen sich, eingebunden zu werden und wollen sich nun einbringen.

sehr zutreffend	eher zutreffend	eher nicht zutreffend	nicht zutreffend

– Versuchen Sie, Ihre Einstufungen jeder Antwortalternative zu begründen. Halten Sie die Begründung in schriftlicher Form stichpunktartig fest.

– Lesen Sie nun die Erläuterungen zu jeder Antwortalternative und vergleichen Sie diese mit Ihren Begründungen.

■ Bedeutungen

Erläuterung zu a):
Brasilianer sind sehr diskutierfreudig, wenn es um das Sammeln kreativer Ideen geht. Solche Diskussionen beleben den Arbeitsalltag und lockern diesen auf, sodass die Möglichkeit, sich kreativ einzubringen, stets auf große Resonanz stößt. Auffällig in dieser Situation ist jedoch die äußerst intensive Diskussion, die eigentlich jeglichen Zwecks entbehrt, da die Vorschläge finanziell nicht umgesetzt werden können. Diese Antwort erklärt den Verlauf der Situation nur zu einem geringen Anteil und ist als alleinige Erklärung eher unwahrscheinlich.

Erläuterung zu b):
Jeder Mitarbeiter in einer brasilianischen Firma hat seinen spezifischen Zuständigkeits- und Aufgabenbereich. Die Mitarbeiter von Herrn Kumper fühlen sich durch den sachlichen Einwand des Controllers, dass keine finanziellen Mittel für die Umsetzung des Vorschlags zur Verfügung stehen, nicht angesprochen. Sie wollen in der Diskussion erörtern, ob es aufgrund ihrer Arbeitserfahrung sinnvoll wäre, Umstrukturierungen von Abteilungen vorzunehmen. Dies könnte erklären, warum die Mitarbeiter die finanziellen Argumente des Controllers ignorieren. Es gibt jedoch noch eine andere Erklärung, die die Situation besser begründen kann.

Erläuterung zu c):
Wenn sich Brasilianern die Möglichkeit bietet, ersehnte Ziele zu erreichen, begeistern sie sich leicht. Solche Ziele verkörpern oftmals den Wunsch nach Wachstum, Fortschritt und Weiterentwicklung. Die Mitarbeiter von Herrn Kumper lassen sich von dem Vorschlag der Marketingfirma hinreißen. Er bietet ihnen die Möglichkeit, zu überlegen, wie man die Firma umstrukturieren und weiterentwickeln könnte. Da sie davon so begeistert sind, nehmen sie einen rationalen Einwand wie den des Controllers nicht wahr. Diese Erklärung beschreibt am Besten das Verhalten der Mitarbeiter.

Erläuterung zu d):
In einer brasilianischen Firma sind die Mitarbeiter ausführende

Kräfte und werden an größeren Planungsprozessen kaum beteiligt. Wichtige Entscheidungen werden letztlich von Vorgesetzten durchdacht und getroffen. So stellt sich in diesem Fall eine eher seltene Situation dar: Die Mitarbeiter werden in den Planungsprozess einbezogen. Wenn diese Erklärung zuträfe, würden sich die Mitarbeiter wesentlich zurückhaltender verhalten, um sich nicht über die Entscheidungen ihres Vorgesetzten hinwegzusetzen. Ihrem Chef ist es vorbehalten, Neueinstellungen in Erwägung zu ziehen. Diese Erklärung ist daher als unzutreffend einzustufen.

■ Lösungsstrategie

Wenn Brasilianer rationale Aspekte ausblenden und sich wie in dieser Situation zu langen Diskussionen hinreißen lassen, bewerten das Deutsche oftmals als ineffizientes Arbeiten. Deutsche nehmen bei einer solchen Fragestellung eine vernunftorientierte Haltung ein und verzichten auf zeitraubende Diskussionen.

Bestünde Ihr Problem anstelle von Herrn Kumper darin, dass die Diskussion in Hinblick auf die momentane Lage fruchtlos ist: Um Ihre brasilianischen Mitarbeiter dazu zu bringen, die Diskussion einzustellen, könnten Sie als Geschäftsführer klar und deutlich äußern, dass Sie keine weiteren Erörterungen über das Thema wünschen. Das mag etwas autoritär wirken, doch aufgrund Ihrer Stellung ist es sehr wahrscheinlich, dass Sie damit Ihr Ziel erreichen würden. Sie könnten auch diplomatisch vorschlagen, die Diskussion bei besserer finanzieller Lage wieder aufzunehmen. Beide Handlungsalternativen sind wirkungsvoll, doch vernachlässigen Sie dabei, welche Bedeutung die Diskussion für die brasilianischen Mitarbeiter hat. In ihr sehen sie eine Möglichkeit, sich den Wunschvorstellungen hinzugeben, die Arbeitsverhältnisse in irgendeiner Weise zu verbessern. Das enthält einen entscheidenden Motivationsaspekt: Indem Sie ihre Mitarbeiter »träumen lassen«, erreichen Sie, dass ihre Arbeitsmotivation steigt.

Gewähren Sie Ihren Mitarbeitern einen gewissen Freiraum. Derartige Diskussionen sind keine reine Zeitverschwendung, sondern können eine wertvolle Gelegenheit zur Erhaltung oder

Erhöhung der Mitarbeitermotivation sein. Manchmal ist es besser, diese Gespräche nicht sofort aus einer rationalen Perspektive heraus zu beurteilen und autoritär durchzugreifen. Darüber hinaus könnten Sie aus der Diskussion profitieren, indem Sie über Probleme der einzelnen Abteilungen mehr erfahren, um möglicherweise kleine, kostengünstige Veränderungsmaßnahmen vorzunehmen.

■ Beispiel 9: Führungsseminar

■ Situation

Herr Hofmann arbeitet als Direktor einer Bank in Curítiba. Zu Beginn seines Aufenthalts in Brasilien nimmt er an einem Führungsseminar teil, das anhand psychologischer Gesichtspunkte konzipiert ist. Herr Hofmann erzählt von dem Seminar:

»Zuerst sollte man herausfinden, wer man ist, wo man herkommt und was man will. Dahinter steckte das Konzept, dass, wenn man weiß, wer man ist, man auch weiß, wie man führen will. Circa 150 Teilnehmer legten sich auf den Boden. Wir wurden in die Vergangenheit zurückgeführt, um dort unser ›Ich‹ zu finden und mit dem ›Ich‹ in die Zukunft zu gehen. Nach einenhalb Stunden landeten wir wieder in der Gegenwart und sollten gedanklich noch einen Brief an uns selbst schreiben. Als wir dann die Augen wieder öffnen durften, verteilten die Helfer Taschentücher. Ich war umgeben von brasilianischen Geschäftsmännern, die völlig in Tränen aufgelöst waren. Mir war es unvorstellbar, wie die Anderen alles um sich herum vergessen und sich inmitten von 150 Leuten gehen lassen konnten.«

Wie erklären Sie sich das Verhalten der brasilianischen Seminarteilnehmer?

– Lesen Sie die Antwortalternativen nacheinander durch.
– Bestimmen Sie den Erklärungswert jeder Antwortalternative für die gegebene Situation und kreuzen Sie ihn auf der darunter liegenden Skala entsprechend an. Es ist möglich, dass mehrere Antwortalternativen den gleichen Erklärungswert besitzen.

■ Deutungen

a) Die Brasilianer sind auf sich selbst fixiert und nehmen die Anderen nicht wahr, als sie ihre eigene Berührtheit zum Ausdruck bringen.

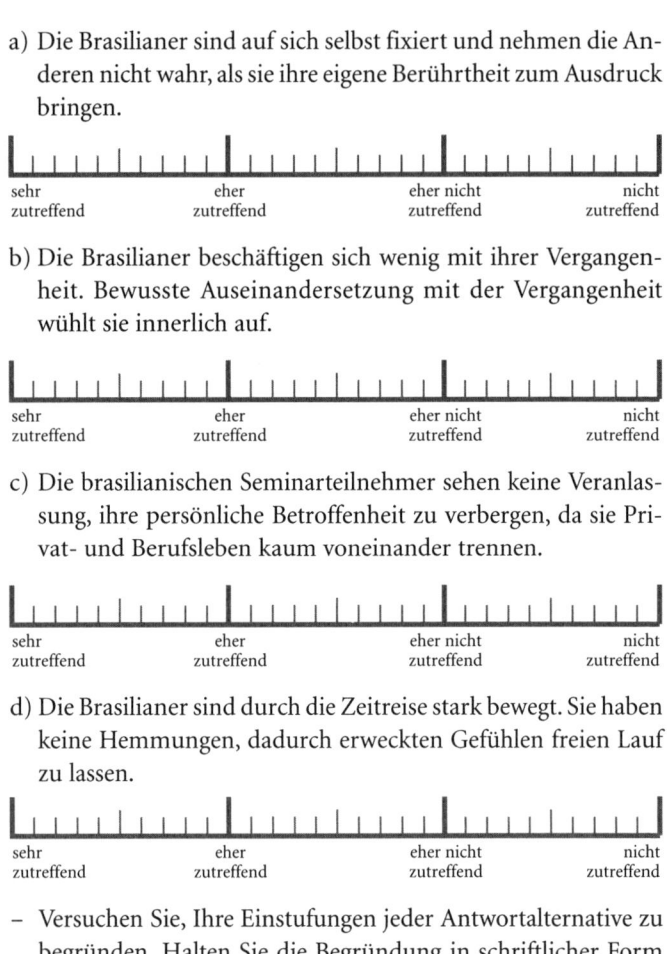

| sehr zutreffend | eher zutreffend | eher nicht zutreffend | nicht zutreffend |

b) Die Brasilianer beschäftigen sich wenig mit ihrer Vergangenheit. Bewusste Auseinandersetzung mit der Vergangenheit wühlt sie innerlich auf.

| sehr zutreffend | eher zutreffend | eher nicht zutreffend | nicht zutreffend |

c) Die brasilianischen Seminarteilnehmer sehen keine Veranlassung, ihre persönliche Betroffenheit zu verbergen, da sie Privat- und Berufsleben kaum voneinander trennen.

| sehr zutreffend | eher zutreffend | eher nicht zutreffend | nicht zutreffend |

d) Die Brasilianer sind durch die Zeitreise stark bewegt. Sie haben keine Hemmungen, dadurch erweckten Gefühlen freien Lauf zu lassen.

| sehr zutreffend | eher zutreffend | eher nicht zutreffend | nicht zutreffend |

– Versuchen Sie, Ihre Einstufungen jeder Antwortalternative zu begründen. Halten Sie die Begründung in schriftlicher Form stichpunktartig fest.
– Lesen Sie nun die Erläuterungen zu jeder Antwortalternative und vergleichen Sie diese mit Ihren Begründungen.

▓ Bedeutungen

Erläuterung zu a):
In Brasilien herrscht tatsächlich eine Form des Individualismus vor, die zu einer starken Ich-Bezogenheit neigt. Den völlig in sich gekehrten brasilianischen Seminarteilnehmern ist es gleichgültig, ob und wie die Anderen ihren Gefühlsausbruch ausleben. Dies erklärt jedoch nur unzureichend, warum die Teilnehmer bereit sind, in einem Führungsseminar derart persönliche und emotionale Eigenheiten ihrer eigenen Person preiszugeben. Diese Antwort erklärt das Ausmaß der Reaktion der Teilnehmer nur unzureichend und kann das Verhalten der Brasilianer nur bedingt erklären.

Erläuterung zu b):
Brasilianer leben eher im Hier und Jetzt und orientieren sich im Denken und Handeln vorrangig an der Gegenwart. Daher reagieren die brasilianischen Seminarteilnehmer bewegt auf die »Zeitreise in die Vergangenheit«. Brasilianer beschäftigen sich zwar nicht so intensiv mit der Vergangenheit wie Deutsche, allerdings ist damit nicht zu begründen, warum die Seminarteilnehmer in einer Gruppe von 150 Personen in Tränen ausbrechen. Diese Erklärung kann die Situation nicht schlüssig erklären und ist daher unzutreffend.

Erläuterung zu c):
Brasilianer lassen persönliche Angelegenheiten auch in den Geschäftsalltag einfließen, im Glauben, die Unterdrückung von Emotionen, etwas Persönlichem, führe zu einer künstlichen Verstellung und spiegele somit nicht die Realität wider. Allerdings besitzen auch Brasilianer eine Privatsphäre. Sie setzten im Arbeitsalltag Grenzen und würden nicht bedenkenlos Gefühle äußern, die derartig persönlich sind. Was die brasilianischen Seminarteilnehmer dazu veranlasst, diese Gefühle trotzdem zu zeigen, kann diese Antwort nicht erklären, weshalb sie als unzutreffend einzustufen ist.

Erläuterung zu d):
Brasilianer neigen dazu, ihre Emotionen offen zu zeigen. Emotionsausbrüche sind für sie keine peinliche, sondern eine menschliche Angelegenheit. Die brasilianischen Seminarteilnehmer machen sich gar keine Gedanken darüber, ob sie ihre Gefühle unterdrücken sollten oder nicht, sondern lassen ihnen ungehemmt freien Lauf. Diese Antwort beeinflusst obigen Situationsverlauf am meisten.

■ Lösungsstrategie

Während Brasilianer auf Deutsche emotional sehr expressiv wirken, wirken umgekehrt Deutsche auf Brasilianer eher reserviert, unnahbar und kühl. In Deutschland herrscht in der Arbeit ein eher förmlicher Umgangsstil vor; emotionale Ausbrüche werden vielmehr für den Privatbereich aufgehoben und können am Arbeitsplatz sogar als beruflich inkompetentes Verhalten ausgelegt werden.

Als deutsche Fach- und Führungskraft in Brasilien werden Sie schnell mit der emotionalen Offenheit der Brasilianer konfrontiert werden. Es ist beispielsweise üblich, während der Unterhaltung Körperkontakt mit dem Gesprächspartner herzustellen und das Gespräch gestisch zu unterstützen. Seien Sie darauf gefasst, dass Brasilianer von Ihnen auch eine gewisse Expressivität erwarten werden. Wer Emotionen wie Begeisterung und Enthusiasmus oder auch Mitgefühl und Trauer zeigt, wird schneller akzeptiert werden als jemand, der sich emotional zurückhält. Brasilianer teilen die Auffassung, dass Letzterem eher mit Vorsicht zu begegnen ist. Er wirkt nicht allzu vertrauenswürdig, da er offensichtlich nichts von seinem Innersten preisgibt. Da Brasilianer außerdem die Meinung vertreten, dass Emotionen nicht peinlich, sondern menschlich sind, geben Sie den Brasilianern durch den Ausdruck Ihrer Gefühle die Möglichkeit, Sie nicht nur als Kollegen, sondern auch als ganze Person kennen zu lernen.

Das meint jedoch nicht, dass Sie sich verstellen müssen und in einem derartigen Führungsseminar ebenfalls in Tränen ausbrechen müssen, wenn Ihnen nicht danach ist. Es geht hier vielmehr darum, dass Sie sich über die Emotionalität der Brasilianer im Klaren sind und ein reserviertes Verhalten Ihrerseits Misstrauen auf Seiten der Brasilianer erzeugen kann. Trauen Sie sich ruhig, Ihre Mitarbeiter und Kollegen etwas Persönliches zu fragen und geben Sie auch ihrerseits Privates preis. Sie werden sehen, dass sich mit einem solch aufgeschlossenen Verhalten vielerlei Türen öffnen und Sie bei Brasilianern auf Sympathie stoßen werden.

◼ Kulturelle Verankerung von »Emotionalismus«

Dieser Kulturstandard äußert sich darin, dass Brasilianer oftmals vorrangig emotional denken und handeln; sie zeigen ihre Emotionen nach außen hin. An mehreren Beispielen lässt sich erkennen, dass bei den Brasilianern die Emotion häufig vor der Ratio kommt. So neigen sie zu einer äußerst schnellen Begeisterungsfähigkeit wie in der Situation »Umstrukturierung der Firma«: Rationale Aspekte wurden völlig ausgeblendet. Beim Handeln gehen Brasilianer dem spontanen emotionalen Impuls nach, und »handeln aus dem Bauch heraus«. Die Ursache für ihre schnelle Begeisterungsfähigkeit liegt darin begründet, dass Brasilianer nach Fortschritt und Weiterentwicklung streben. Sie hegen in jeder potenziellen Chance, die sich bietet, die Hoffnung, diesem persönlichen Traum, der aus dem Gesellschaftlichen entsteht, näher zu kommen. Die Grundtendenz, eher emotional als rational zu handeln, zeigt sich auch in einer eher optimistischen Lebenseinstellung. Auch hier spielen die Träume eine wichtige Rolle. Die Träume schaffen Hoffnung – und Hoffnung motiviert, optimistisch zu sein. Brasilianer sind davon überzeugt, dass alles möglich ist. Dies zeigt sich auch in Verhandlungssituationen, in denen des Öfteren Zusagen an die Verhandlungspartner gegeben werden, bei denen von vornherein klar ist, dass sie in dieser Weise nicht eingehalten werden können.

Spuren dieser Lebenseinstellung finden sich bei den portugiesischen Kolonialisten im 16. Jahrhundert. Das kleine Land Portugal expandierte in Kolonien auf allen Erdteilen, obwohl die Kapazitäten, diese Länder vernünftig zu regieren, bald erschöpft waren. Rationale Gründe, die gegen eine Verwirklichung ihrer

Träume sprachen, blendeten sie aus. Eine optimistische Haltung verhalf ihnen schließlich, alle Einwände zu ignorieren und ihre Ziele zu erreichen. Diese Lebenseinstellung der Portugiesen könnte die der Brasilianer heute beeinflusst haben.

Brasilianer handeln und denken nicht nur sehr emotional, sondern sie bringen empfundene Emotionen auch stark zum Ausdruck. Die »Demonstration« von Emotionen ist darauf zurückzuführen, dass Gefühle als etwas Positives und sogar Natürliches angesehen werden und somit auch nicht als peinlich empfunden werden, wenn sie nach außen hin gezeigt werden. Es muss jedoch zwischen einzelnen emotionalen Reaktionen differenziert werden. Sie werden akzeptiert, wenn sie Trauer ausdrücken. Trauer führt dazu, dass Mitleid beim Gegenüber ausgelöst wird. Wut und Ärger hingegen zerstören die positive Stimmung und werden ungern gesehen. Der Ausdruck von Emotionen wie Freude und Begeisterung wird hingegen immer geschätzt. Zudem vertreten Brasilianer die Auffassung, dass man durch den Ausdruck von Emotionen wie Trauer dem Gegenüber Vertrauen signalisieren kann, da man etwas Persönliches preisgibt. Personen, die versuchen, ihre Emotionen zurückzuhalten, begegnet man deswegen mit Misstrauen. So werden in Brasilien bestimmte Emotionen eisern kontrolliert, anderen Emotionen jedoch freien Lauf gelassen. Die ausgeprägte emotionale Expressivität der Brasilianer drückt sich im Alltag unter anderem durch eine verringerte Raumdistanz aus. In der Unterhaltung selbst werden vermehrt Gestik und Mimik eingesetzt, um das Gesagte emotional zu unterstreichen. Interaktionspartner werden in der Unterhaltung gerne berührt und man umarmt sich schnell. Männer und Frauen küssen sich zur Begrüßung auf die Wange. Zudem reduziert sich der körperliche Abstand zum Interaktionspartner in Brasilien auf 80 cm. Im Vergleich dazu bevorzugen Deutsche eine Raumdistanz von bis zu 120 cm.

Ein offener Ausdruck von Emotionen ist ebenfalls kennzeichnend für das afrikanische Volk. Es wird als äußerst empfindsam und fröhlich beschrieben. Als im 16. Jahrhundert viele Arbeitskräfte in der brasilianischen Landwirtschaft gebraucht wurden, wurden viele Sklaven aus Afrika eingeschifft. Nach der Abschaffung der Sklaverei wanderten viele Europäer und Japaner nach Brasilien ein, um dort Arbeit zu finden. Die nun befreiten Sklaven vermischten sich mit den anderen ethnischen Gruppen, die in Brasilien lebten. Umso wahrscheinlicher ist es, dass kulturelle Eigenheiten der Afrikaner die heutige brasilianische Kultur prägen.

■ Themenbereich 5: Hierarchieorientierung

■ Beispiel 10: Strategien zur Kundengewinnung

■ Situation

Frau Bertel arbeitet seit neun Monaten als Abteilungsleiterin einer deutschen Firma in Porto Allegre. Sie beruft eine Sitzung ein, um verschiedene Strategien zu diskutieren, wie man Kunden in einem Gespräch gewinnen kann. Zur Einleitung stellt sie eine bestimmte Herangehensweise vor. Ihre brasilianischen Mitarbeiter reagieren begeistert und heißen die Strategie gut. Als Frau Bertel nach anderen Vorschlägen oder Kommentaren fragt, kommt nichts vonseiten ihrer Mitarbeiter. Nach einer Vorstellung einer weiteren Strategie durch Frau Bertel sind wieder alle Mitarbeiter begeistert. Frau Bertel hatte eigentlich Kritikpunkte, eigene Standpunkte und Vorschläge erwartet.

Wie erklären Sie sich das Verhalten der brasilianischen Mitarbeiter?

– Lesen Sie die Antwortalternativen nacheinander durch.
– Bestimmen Sie den Erklärungswert jeder Antwortalternative für die gegebene Situation und kreuzen Sie ihn auf der darunter liegenden Skala entsprechend an. Es ist möglich, dass mehrere Antwortalternativen den gleichen Erklärungswert besitzen.

■ Deutungen

a) Die Mitarbeiter befürchten, sich mit kritischen Verbesserungsvorschlägen Karrieremöglichkeiten zu verbauen und die Gunst der Chefin zu verspielen.

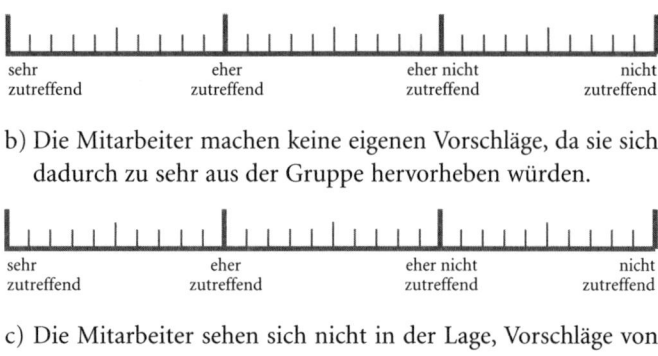

sehr   eher   eher nicht   nicht
zutreffend   zutreffend   zutreffend   zutreffend

b) Die Mitarbeiter machen keine eigenen Vorschläge, da sie sich dadurch zu sehr aus der Gruppe hervorheben würden.

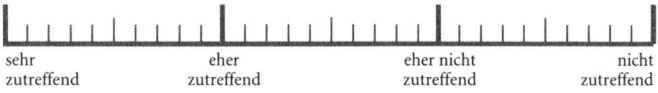

sehr   eher   eher nicht   nicht
zutreffend   zutreffend   zutreffend   zutreffend

c) Die Mitarbeiter sehen sich nicht in der Lage, Vorschläge von Frau Bertel zu verbessern, da sie denken, dass sie als Deutsche sowieso über mehr Wissen verfügt.

sehr   eher   eher nicht   nicht
zutreffend   zutreffend   zutreffend   zutreffend

d) Für die Mitarbeiter gehört es sich nicht, gegenüber der höher gestellten Vorgesetzten Vorschläge oder Verbesserungen zu äußern.

```
|__|_|_|_|_|_|_|_|_|_|__|_|_|_|_|_|_|_|_|_|__|_|_|_|_|_|_|_|_|__|
```

sehr   eher   eher nicht   nicht
zutreffend   zutreffend   zutreffend   zutreffend

- Versuchen Sie, Ihre Einstufungen jeder Antwortalternative zu begründen. Halten Sie die Begründung in schriftlicher Form stichpunktartig fest.
- Lesen Sie nun die Erläuterungen zu jeder Antwortalternative und vergleichen Sie diese mit Ihren Begründungen.

■ Bedeutungen

Erläuterung zu a):

Karrieremöglichkeiten eines Mitarbeiters in Brasilien verbessern sich stark, wenn er sich mit seinem Vorgesetzten gut versteht, also eine gute Beziehung zu ihm pflegt. Die Mitarbeiter von Frau Bertel sehen die gute Beziehung gewahrt, wenn sie alle Vorschläge und Ideen von ihr unterstützen und dies signalisieren. Es könnte sein, dass einige Mitarbeiter über Karriereabsichten verfügen, was aber nicht unbedingt auf alle Mitarbeiter zutrifft. Diese Erklärung kann nicht das Verhalten aller Mitarbeiter begründen und ist somit als unzutreffend einzustufen.

Erläuterung zu b):
Für Brasilianer erhöht Zusammenhalt und Kollegialität innerhalb der Abteilung die Arbeitszufriedenheit. Dies impliziert für sie, dass sich keiner durch Wettbewerbsdenken profiliert und damit aus der Gruppe hervorhebt. Die Mitarbeiter von Frau Bertel wollen keine Strategie vorschlagen, um nicht die Aufmerksamkeit auf sich zu ziehen. Diese Erklärung kann das Verhalten der Mitarbeiter verstärkt haben. Eine andere Antwort beschreibt jedoch die Reaktionen der Mitarbeiter besser.

Erläuterung zu c):
Brasilianer empfinden eine Art Minderwertigkeitskomplex gegenüber Personen aus wirtschaftlich erfolgreichen Ländern wie den Vereinigten Staaten oder den europäischen Ländern. Ein Vorgesetzter aus einem dieser Länder genießt aufgrund seines Wissens hohen Respekt, weil Brasilianer hinter dem wirtschaftlichen Erfolg dieser Länder eine gute Ausbildung vermuten. Die brasilianischen Mitarbeiter kommen gar nicht auf den Gedanken, die Vorschläge von Frau Bertel zu diskutieren, da sie sich nicht für kompetent genug dafür halten. Da sich jedoch die Mitarbeiter einem brasilianischen Vorgesetzten gegenüber in ähnlicher Weise verhalten hätten, ist davon auszugehen, dass hier ein anderer Aspekt maßgebender für ihr Verhalten ist.

Erläuterung zu d):
Der Umgang zwischen Mitarbeitern und Vorgesetzten ist in Brasilien stark hierarchisch geprägt. Der Chef übernimmt die verantwortungsvollen Aufgaben und verteilt Arbeitsaufträge an seine Mitarbeiter. Die Mitarbeiter von Frau Bertel sehen sich vorrangig als ausführende Kräfte. Verbesserungsvorschläge oder Gegenargumente vorzubringen ist weder ihre Aufgabe, noch glauben sie, dass sie einen konstruktiven Beitrag im Gespräch leisten könnten, da sie Frau Bertel aufgrund ihrer Position als kompetenter einschätzen. Daher heißen sie alle Vorschläge von ihr gut. Diese Antwort erklärt am Treffendsten das Verhalten der Mitarbeiter.

■ Lösungsstrategie

Im Gegensatz zu den Brasilianern favorisieren Deutsche ein »demokratisches« Führungskonzept. In Deutschland kann und soll jeder Mitarbeiter seine Meinung frei äußern und wird prinzipiell als gleichberechtigt angesehen, sodass seine Ideen und Vorschläge vom Vorgesetzten aufgegriffen und umgesetzt werden können. Die Verantwortung liegt nicht ausschließlich beim Chef, sondern ist auf jeden Einzelnen verteilt. Dieses Führungskonzept steht in Kontrast zur brasilianischen Führung, bei der der Chef das Machtzentrum ist und unaufgeforderte Vorschläge und Kritik als Zweifel an seinen Kompetenzen interpretiert. Wie können Sie also Ihre brasilianischen Mitarbeiter anstelle von Frau Bertel dazu bringen, ihre Meinung frei zu äußern?

Sie könnten einleitend in der Sitzung darauf verzichten, eigene Strategien vorzustellen und beurteilen zu lassen, sondern erst einmal Ihre Mitarbeiter fragen, welche Ideen sie haben. Damit umgehen Sie das Problem, dass die Mitarbeiter Ihre Vorschläge aufgrund Ihrer Kompetenz und Position als nicht kritisierbar ansehen und schweigen. Vorschläge zu liefern sehen Mitarbeiter als Aufgabe ihres Chefs an. Überträgt ein Chef jedoch eine Aufgabe an seine Mitarbeiter, fällt diese automatisch in deren Zuständigkeitsbereich. Einem klaren Auftrag vom Chef werden die Mitarbeiter befolgen, wenn sie damit nicht in Gefahr laufen, ihren Chef indirekt zu kritisieren. Sie können beim Ideensammeln ähnlich dem Brainstorming vorgehen und sollten als Vorgesetzter lediglich moderierend eingreifen.

Falls Sie selbst einen Vorschlag in die Diskussion einbringen wollen, sollten Sie Ihre hierarchische Position relativieren und deutlich machen, dass Sie in diesem Fall auf die Unterstützung Ihrer Mitarbeiter angewiesen sind. Sie könnten ganz offen sagen, dass Sie als Deutscher noch nicht so geübt im Umgang mit brasilianischen Kunden sind und deswegen an den Erfahrungen der Mitarbeiter interessiert sind. Es ist wichtig, dabei herauszustellen, dass Sie trotzdem noch der Entscheidungsträger sind, der im Endeffekt eine bestimmte Strategie bestimmen wird. Geben Vorgesetzte in Brasilien offen Mängel an ihren Kompetenzen zu, verlieren sie an Respekt bei den Mitarbeitern. Letztendlich müssen

Sie Ihren brasilianischen Mitarbeitern die Angst nehmen, dass geübte Kritik eine Herabsetzung ihres Chefs bedeutet. Ein solches Verständnis kann den Mitarbeitern jedoch nicht in einem einzelnen Gespräch vermittelt werden, sondern beansprucht Zeit und wiederholte Bemühungen vonseiten des Vorgesetzten.

Weiter bietet es sich an, dass eine Ideensammlung nicht die Form einer Abteilungssitzung annimmt. Tragen Sie einzelnen Mitarbeitern oder Kleingruppen auf, verschiedenste Strategien zu sammeln und diese kritisch zu betrachten. Da dies einen Arbeitsauftrag darstellt, werden die Mitarbeiter diesen pflichtbewusst ausführen. Eine weitere Strategie, um viele Informationen zu erhalten, stellt ein informelles Gespräch dar. Schneiden Sie das Thema beim Kaffeetrinken mit einzelnen Mitarbeitern eher beiläufig an und fragen Sie sie nach ihren Erfahrungen. In diesem Rahmen werden Ihre Mitarbeiter weniger Scheu haben, ihrem Chef eigene Gedanken mitzuteilen.

■ Beispiel 11: Erhöhung der Benzinpreise

■ Situation

Herr Maier arbeitet seit vier Jahren als Führungskraft in einem deutschen Unternehmen in São Paulo. Seit zwei Jahren zahlt er zusätzlich zum Gehalt ein monatliches Benzingeld an seine brasilianischen Mitarbeiter. Die Mitarbeiter sprechen sich gegenüber Herrn Maier für eine Erhöhung des Benzingelds aus, da die Benzinpreise ihrer Meinung nach vor zwei Jahren bei 80 Centavos pro Liter lagen und jetzt um das Doppelte auf 1 Real 60 Centavos gestiegen sind: Herr Maier kann durch sein Fahrtenbuch nachweisen, dass es anfangs nicht 80 Centavos waren, sondern 1 Real 50 Centavos. Es ärgert ihn, dass seine Mitarbeiter einfach irgendetwas aus der Luft Gegriffenes behaupten und er das Gegenteil beweisen muss. Außerdem versteht er nicht, warum seine Mitarbeiter nicht selber nachforschen, wie hoch der Benzinpreis vor zwei Jahren tatsächlich war, bevor sie sich entschließen, mit ihm darüber zu sprechen.

Warum behaupten die brasilianischen Mitarbeiter, dass die Benzinpreise in den letzten zwei Jahren um das Doppelte gestiegen wären?

– Lesen Sie die Antwortalternativen nacheinander durch.
– Bestimmen Sie den Erklärungswert jeder Antwortalternative für die gegebene Situation und kreuzen Sie ihn auf der darunter liegenden Skala entsprechend an. Es ist möglich, dass mehrere Antwortalternativen den gleichen Erklärungswert besitzen.

■ Deutungen

a) Aufgrund der Inflation ist das Geld für die Mitarbeiter knapper geworden, sodass sie jede Möglichkeit ausnutzen, um die Geldentwertung auszugleichen.

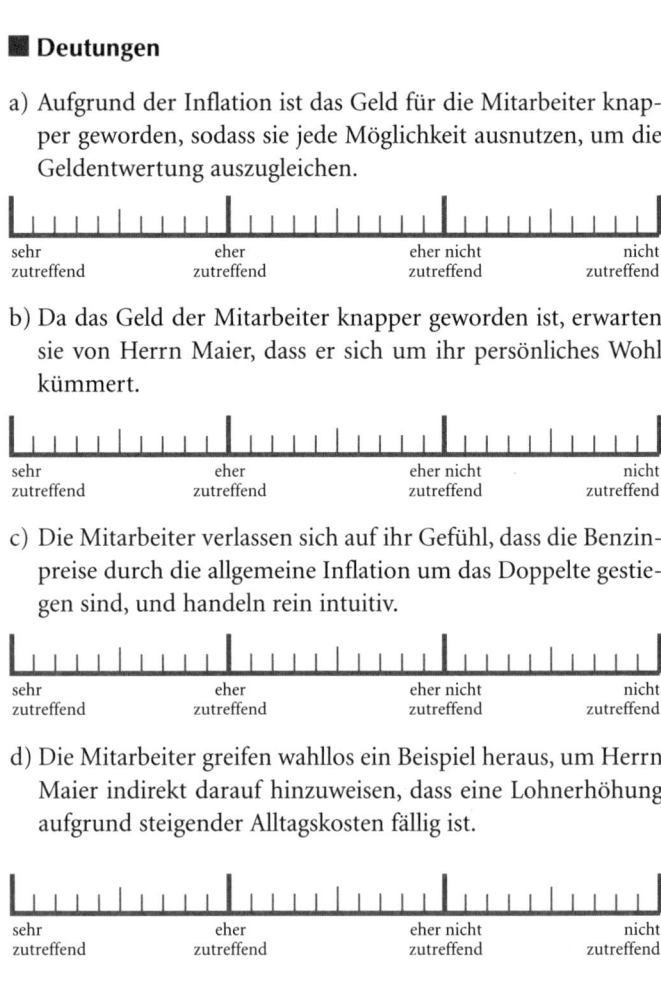

| sehr zutreffend | eher zutreffend | eher nicht zutreffend | nicht zutreffend |

b) Da das Geld der Mitarbeiter knapper geworden ist, erwarten sie von Herrn Maier, dass er sich um ihr persönliches Wohl kümmert.

| sehr zutreffend | eher zutreffend | eher nicht zutreffend | nicht zutreffend |

c) Die Mitarbeiter verlassen sich auf ihr Gefühl, dass die Benzinpreise durch die allgemeine Inflation um das Doppelte gestiegen sind, und handeln rein intuitiv.

| sehr zutreffend | eher zutreffend | eher nicht zutreffend | nicht zutreffend |

d) Die Mitarbeiter greifen wahllos ein Beispiel heraus, um Herrn Maier indirekt darauf hinzuweisen, dass eine Lohnerhöhung aufgrund steigender Alltagskosten fällig ist.

| sehr zutreffend | eher zutreffend | eher nicht zutreffend | nicht zutreffend |

- Versuchen Sie, Ihre Einstufungen jeder Antwortalternative zu begründen. Halten Sie die Begründung in schriftlicher Form stichpunktartig fest.
- Lesen Sie nun die Erläuterungen zu jeder Antwortalternative und vergleichen Sie diese mit Ihren Begründungen.

▉ Bedeutungen

Erläuterung zu a):
Brasilianer verhalten sich manchmal schlitzohrig, wenn es darum geht, sich einen Vorteil zu verschaffen. Allerdings gilt dies vorrangig gegenüber Personen, zu denen sie keine persönliche Beziehung unterhalten. Da davon ausgegangen werden kann, dass durch die Zusammenarbeit eine enge Beziehung zwischen den Mitarbeitern und Herrn Maier besteht, scheidet diese Erklärung aus.

Erläuterung zu b):
In Brasilien sind sich Vorgesetzte und Mitarbeiter gegenseitig verpflichtet. Auf Seiten des Chefs äußert sich die Verpflichtung darin, dass er auf die Bedürfnisse und persönlichen Umstände der Mitarbeiter einzugehen hat. Da die Mitarbeiter von Herrn Maier den Eindruck haben, dass sie über weniger Geld als vor zwei Jahren verfügen, machen sie ihn auf diesen Missstand aufmerksam, indem sie beispielhaft auf das nicht mehr ausreichende Benzingeld verweisen. Erreichen wollen sie damit wahrscheinlich ein einmaliges Zusatzgeld. Die Erklärung beschreibt am Besten das Verhalten der Mitarbeiter.

Erläuterung zu c):
Brasilianer neigen dazu, sich im Handeln mehr von ihren Emotionen als von der Vernunft leiten zu lassen. Die Mitarbeiter von Herrn Maier haben das Gefühl, dass sie für das Benzin mehr bezahlen müssen, und reagieren intuitiv, indem sie ihren Chef darauf aufmerksam machen, ohne ihre Behauptung vorher zu prüfen. Es ist in dieser Situation allerdings eher unwahrscheinlich, dass alle Mitarbeiter das gleiche Gefühl einer enormen Preissteigerung haben, die jedoch in dieser Form gar nicht stattgefunden

hat. Dadurch, dass sie gemeinsam und geschlossen vortreten, muss es noch eine andere Antwort geben, die die Situation schlüssiger erklärt.

Erläuterung zu d):
In Brasilien sprechen Mitarbeiter ihren Chef nicht direkt auf eine Gehaltserhöhung an, da dies einer Kritik an seiner Kompetenz gleichkäme: Er hätte nicht bemerkt, dass eine Lohnerhöhung angebracht wäre. Den Wunsch nach mehr Gehalt äußern die Mitarbeiter von Herrn Maier indirekt durch den Verweis auf die Benzinpreise. Dagegen spricht jedoch, dass sie dann ein bedeutsameres Beispiel – etwa die Erhöhung der Mietpreise – wählen würden. Diese Erklärung trifft teilweise zu, da die indirekte Kommunikation der brasilianischen Mitarbeiter beeinflusst hat, wie sie ihr Anliegen vortragen. Die Erläuterung kann jedoch nicht schlüssig die Absicht der Mitarbeiter begründen.

■ Lösungsstrategie

Der brasilianische Chef verkörpert, im Gegensatz zum deutschen Chef, eine Art Vaterrolle für seine Mitarbeiter, indem er Verantwortung für ihr berufliches und persönliches Wohlergehen übernimmt. Diesen Unterschied in den Erwartungen an eine Führungsperson sollten Sie beachten, falls Sie in Brasilien eine derartige Position einnehmen. Es stellt sich nun die Frage, wie Sie sich in einer vergleichbaren Situation angemessen verhalten können.

Das in der Situation beschriebene Verhalten verleitet Deutsche oftmals dazu, die Brasilianer als Schlitzohren anzusehen, die bestimmte Situationen geschickt ausnutzen. Falls Ihre Mitarbeiter Ihnen unverschämte Forderungen vorlegen, bedenken Sie, dass Ihre Mitarbeiter Sie eventuell auf Ihre Pflichten als Chef hinweisen wollen. Ist dies der Fall, scheiden passive Handlungsalternativen aus. Sie können die Angelegenheit nicht unter den Tisch fallen lassen. Damit würden Sie sich schnell die Loyalität und Motivation Ihrer Mitarbeiter verspielen. Vielmehr sollten Sie sich als »Vater« Ihrer Mitarbeiter fühlen und Ihrer Rolle gemäß han-

deln. Eine direkte Konfrontation der Mitarbeiter mit dem Nach-
weis, dass die Benzinpreise vor zwei Jahren viel höher als behauptet waren, stellt sehr wahrscheinlich Ihre Mitarbeiter bloß und
beeinträchtigt die Vertrauensbeziehung.

Es wäre denkbar, sich näher danach zu erkundigen, wie es finanziell um Ihre Mitarbeiter bestellt ist und welche Bedürfnisse
nicht befriedigt werden können. Falls deutlich werden sollte, dass
es tatsächlich finanzielle Defizite gibt, ist es Ihre Aufgabe, Ihre
Mitarbeiter zu unterstützen, soweit dies möglich ist. Falls eine
finanzielle Hilfe notwendig, aber aufgrund der betriebsinternen
Situation nicht möglich sein sollte, sollten Sie dies Ihren Mitarbeitern so nachvollziehbar wie möglich darlegen. Geben Sie auf
jeden Fall auch hier Ihren Mitarbeitern das Gefühl, dass Sie Ihnen
wichtig sind und Sie bestrebt sind, so gut wie möglich für sie zu
sorgen.

▓ Beispiel 12: Softwareentwicklung

▓ Situation

Herr Schäfer arbeitet seit sechs Monaten als Entwicklungsleiter im
Bereich Softwareentwicklung in einem Unternehmen in Rio de
Janeiro. Luciana, einer brasilianischen Mitarbeiterin, trägt er auf,
für den Prototypen einer Software die *use cases*[1] aufzuschreiben.

»Ich habe ihr dann ein Schema gegeben, mit dem sie das dokumentieren konnte. Wir haben uns das zu zweit angeschaut und
schnell gesehen, dass die Aufgabe einen hohen Arbeitsaufwand
beansprucht. Der Aufwand schien es uns jedoch wert. Nach ein
paar Tagen habe ich nachgefragt, und da hatte sie erst ein Sechstel
der Arbeit erledigt. Ich sagte daraufhin zu ihr, dass die geplante
Arbeitsmethode doch keinen Sinn ergebe, weil der Zeitaufwand
nicht im Verhältnis zum Ergebnis stünde. Ich habe ihr vorge-
schlagen, nur die *features*[2] zu dokumentieren, da diese Arbeitsmethode weniger Zeit beansprucht.«

---

1 Arbeitsablauf, den man mit dieser Software machen kann.
2 Oberkategorie von mehreren use cases.

Luciana zeigt keine besondere Reaktion, als sie die sinnvollere Aufgabe zugewiesen bekommt, und fängt mit dem gleichen Elan die neue Aufgabe an. Herr Schäfer wundert sich, warum seine Mitarbeiterin nicht von selbst auf ihn zugekommen ist, um nachzufragen, ob es sinnvoll sei, auf diese Weise fortzufahren.

Warum hat Luciana Herrn Schäfer nicht mitgeteilt, dass es ineffektiv sei, den Arbeitsauftrag weiter so zu bearbeiten?

- Lesen Sie die Antwortalternativen nacheinander durch.
- Bestimmen Sie den Erklärungswert jeder Antwortalternative für die gegebene Situation und kreuzen Sie ihn auf der darunter liegenden Skala entsprechend an. Es ist möglich, dass mehrere Antwortalternativen den gleichen Erklärungswert besitzen.

■ Deutungen

a) Luciana ist es gewohnt, Aufträge von ihrem Chef lediglich auszuführen und ihn nicht auf mögliche Zweifel an der Aufgabe hinzuweisen.

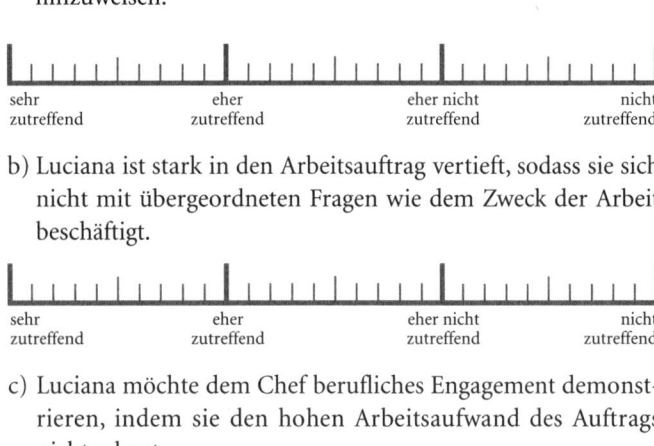

| sehr zutreffend | eher zutreffend | eher nicht zutreffend | nicht zutreffend |

b) Luciana ist stark in den Arbeitsauftrag vertieft, sodass sie sich nicht mit übergeordneten Fragen wie dem Zweck der Arbeit beschäftigt.

| sehr zutreffend | eher zutreffend | eher nicht zutreffend | nicht zutreffend |

c) Luciana möchte dem Chef berufliches Engagement demonstrieren, indem sie den hohen Arbeitsaufwand des Auftrags nicht scheut.

| sehr zutreffend | eher zutreffend | eher nicht zutreffend | nicht zutreffend |

d) Luciana ist eine emanzipierte Frau, die nicht freiwillig vor Herrn Schäfer zugeben will, dass sie sehr viel Zeit braucht, um den Auftrag auszuführen.

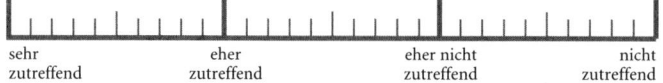

| sehr zutreffend | eher zutreffend | eher nicht zutreffend | nicht zutreffend |

- Versuchen Sie, Ihre Einstufungen jeder Antwortalternative zu begründen. Halten Sie die Begründung in schriftlicher Form stichpunktartig fest.
- Lesen Sie nun die Erläuterungen zu jeder Antwortalternative und vergleichen Sie diese mit Ihren Begründungen.

■ Bedeutungen

Erläuterung zu a):

In Brasilien sind es Mitarbeiter nicht gewohnt, über Sinn und Zweck einer Aufgabe nachzudenken, da dies die Aufgabe des Chefs ist. Da dieser über alle wichtigen Informationen verfügt und daher den Überblick und die Kompetenz hat, kann nur er Entscheidungen wie die Änderung einer Aufgabenbearbeitung treffen. Luciana sieht sich weder in der Lage, die Sinnhaltigkeit ihrer Arbeit aus fachlicher Sicht angemessen zu beurteilen, noch in der Position, ihren Chef auf mögliche Mängel seines Arbeitsauftrags hinzuweisen. Der Respekt vor der hierarchischen Position ihres Vorgesetzten beschreibt am Besten das Verhalten von Luciana.

Erläuterung zu b):

Luciana ist sich der Sinnlosigkeit ihrer Arbeit nicht bewusst, weswegen sie keine Veranlassung hat, sich mit ihrem Chef darüber auszutauschen. Als ihr Chef sie mit einer alternativen Aufgabenerledigung beauftragt, ist es jedoch verwunderlich, dass sie diese mit dem gleichen Elan wie die vorherige beginnt. Es wäre zu erwarten, dass sie sich über die nutzlose Arbeit der vorangegangen Tage ärgert. Somit erklärt diese Antwort das gesamte Verhalten von Luciana nicht schlüssig und ist daher unzutreffend.

Erläuterung zu c):
In Brasilien herrscht aufgrund der hohen Arbeitslosigkeit eine angespannte Arbeitsmarktsituation. Am Arbeitsmarkt zu konkurrieren und zu bestehen, wird immer schwieriger. Um ihre Stelle zu behalten, möchte Luciana ihrem Chef zeigen, dass sie zu höchster Einsatzbereitschaft willig ist, wenn dies nötig sein sollte. Höchste Einsatzbereitschaft könnte jedoch auch bedeuten, den Chef über mögliche nutzlose Arbeitsmethoden hinzuweisen, weshalb diese Begründung zu spekulativ und damit eher unzutreffend ist.

Erläuterung zu d):
Emanzipation spielt in Brasilien derzeit keine große Rolle. Weibliche Mitarbeiter sind eher mit existenziellen alltäglichen Problemen beschäftigt, als sich über ihre Stellung als Frau in der Gesellschaft Gedanken zu machen. Falls es sich bei Luciana trotzdem um eine emanzipierte Frau handelt, wäre sie eher die Ausnahme. Ein männlicher Mitarbeiter von Herrn Schäfer hätte sich in der gleichen Situation genauso verhalten, deswegen muss eine andere Begründung für den Verlauf der Situation herangezogen werden.

■ Lösungsstrategie

Die Tätigkeit einer deutschen Führungskraft besteht zu einem großen Anteil aus Delegation, wobei großes Vertrauen in die Selbstständigkeit der Mitarbeiter gesetzt wird. Brasilianische Mitarbeiter sind eigenverantwortliches Arbeiten nicht gewohnt. Sehen sich brasilianische Mitarbeiter nur als ausführende Kräfte, so vermissen Deutsche oft Mitdenken ihrer Mitarbeiter. Wie können Sie anstelle von Herrn Schäfer erreichen, dass Ihre Mitarbeiter auf Sie zukommen, wenn von Ihnen aufgegebene Arbeitsaufträge nicht effizient umgesetzt werden können?

Bei der Delegierung von Aufgaben ist zu beachten, dass bestimmte Anforderungen an den Vorgesetzten gestellt sind. Aufgabe des Vorgesetzten ist es, zu beurteilen, wie sinnvoll ein Arbeitsauftrag ist. Wenn Sie schließlich Aufgaben delegieren, dürfen Sie nicht erwarten, dass alles automatisch ablaufen wird. Kontrollieren Sie auf dezente Art Ihre Mitarbeiter, indem Sie das Gespräch mit ihnen suchen und beiläufig nach dem bereits erzielten Arbeitsstand fragen. Dabei können Sie sich nach möglichen Problemen erkundigen, von denen Ihre Mitarbeiter üblicherweise nicht aus eigenem Antrieb berichten werden. Sie können Ihren Mitarbeiter auch direkt als Experten für die delegierte Aufgabe ansprechen und ihn somit in seinem Zutrauen bestärken. Die endgültige Beurteilung des gewählten Arbeitswegs wird jedoch immer von Ihnen als Vorgesetztem erwartet werden.

Falls Sie sich anfangs nicht sicher sind, ob der Bearbeitungsweg einer Aufgabe effizient ist, könnten Sie Ihrem Mitarbeiter den Auftrag erteilen, fünf Stunden lang die Aufgabe zu bearbeiten und Ihnen daraufhin mitzuteilen, wie zeitaufwändig die gesamte Aufgabendurchführung einzuschätzen ist. Falls sich herausstellt, dass der Arbeitsauftrag zu viel Zeit beansprucht, können sie gemeinsam einen anderen Weg suchen. Damit lassen Sie sich auf die Mentalität der Brasilianer ein und finden trotzdem eine Möglichkeit, Ihr Ziel zu erreichen.

■ Beispiel 13: Vorschlag von Sparmaßnahmen

■ Situation

Herr Henkel lebt seit 18 Jahren in Belo Horizonte und arbeitet als Geschäftsführer in einer deutschen Firma. Als es seiner Firma finanziell schlecht geht, will er mit Zustimmung des Mutterhauses in Deutschland einige Kostensenkungsmaßnahmen durchführen. Nachdem er den brasilianischen Direktoren die finanzielle Situation der Firma anhand von Zahlen verdeutlicht hat, schlägt er ihnen folgende Maßnahmen vor, um das Unternehmen zu retten: 100 von 400 Angestellten zu entlassen; das große, alte Gebäude, in der die Firma ihren Sitz hatte, zu verkaufen, um ein günstigeres und kleineres Gebäude zu kaufen, Sekretärinnen von Angestellten zu entlassen, die zwei Sekretärinnen zur Verfügung haben, und einige Geschäftswagen einzusparen. Diese Einsparungspläne lösen großen Unmut bei den Direktoren aus. Vehement vertreten sie die Meinung, dass das Gebäude doch so schön wäre, das könne man nicht verkaufen, eine zweite Sekretärin entlassen, unmöglich, die würde doch gebraucht . . . Herrn Henkel ist es unbegreiflich, warum die Direktoren den Ernst der Situation nicht erkennen.

Warum wollen die brasilianischen Direktoren die Kostensenkungsmaßnahmen nicht durchführen?

– Lesen Sie die Antwortalternativen nacheinander durch.

– Bestimmen Sie den Erklärungswert jeder Antwortalternative für die gegebene Situation und kreuzen Sie ihn auf der darunter liegenden Skala entsprechend an. Es ist möglich, dass mehrere Antwortalternativen den gleichen Erklärungswert besitzen.

▪ Deutungen

a) Die Direktoren sehen es als Aufgabe des Mutterhauses an, ihnen in dieser finanziellen Misslage zu helfen, bevor sie selbst tief greifende Veränderungen vornehmen.

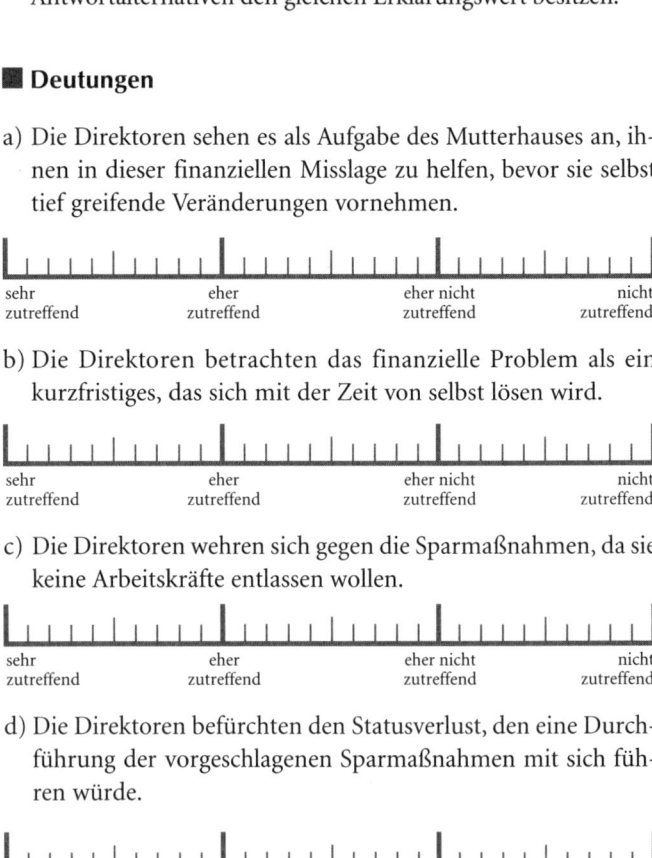

| sehr zutreffend | eher zutreffend | eher nicht zutreffend | nicht zutreffend |

b) Die Direktoren betrachten das finanzielle Problem als ein kurzfristiges, das sich mit der Zeit von selbst lösen wird.

| sehr zutreffend | eher zutreffend | eher nicht zutreffend | nicht zutreffend |

c) Die Direktoren wehren sich gegen die Sparmaßnahmen, da sie keine Arbeitskräfte entlassen wollen.

| sehr zutreffend | eher zutreffend | eher nicht zutreffend | nicht zutreffend |

d) Die Direktoren befürchten den Statusverlust, den eine Durchführung der vorgeschlagenen Sparmaßnahmen mit sich führen würde.

| sehr zutreffend | eher zutreffend | eher nicht zutreffend | nicht zutreffend |

- Versuchen Sie, Ihre Einstufungen jeder Antwortalternative zu begründen. Halten Sie die Begründung in schriftlicher Form stichpunktartig fest.
- Lesen Sie nun die Erläuterungen zu jeder Antwortalternative und vergleichen Sie diese mit Ihren Begründungen.

▣ Bedeutungen

Erläuterung zu a):
In Brasilien stellen sich Filialen in den Dienst des Stammhauses und erwarten als Gegenleistung Hilfe und Unterstützung. Die brasilianischen Direktoren erwarten in der momentanen finanziellen Notlage Beistand vom Mutterhaus, und sie geben die Zuständigkeit für die Lösung dieses Problems dem Mutterhaus. Eine andere Antwort kann jedoch die Ursache des Unmuts der Direktoren und ihrer heftigen Reaktionen auf die vorgeschlagenen Sparmaßnahmen besser erklären.

Erläuterung zu b):
In Brasilien besteht die Tendenz, bei aktuellen Problemen zuerst die Haltung des Abwartens einzunehmen. Wirtschaftliche und politische Umstände können sich in Brasilien so schnell verändern, dass sich ein Problem von selbst löst. Aufgrund dieser Einstellung sind in den Augen der brasilianischen Direktoren die vorgeschlagenen Maßnahmen unnötig. Allerdings werden die Direktoren durch Herrn Henkel mit harten Fakten zur gegenwärtigen finanziellen Situation der Firma konfrontiert. Da sie aufgrund ihrer hohen Position die gesamte Verantwortung für die Filiale und deren Mitarbeiter tragen, ist es eher unwahrscheinlich, dass sie den Ernst der Situation ignorieren und glauben, dass Abwarten das Problem von selbst löst.

Erläuterung zu c):
Seit längerer Zeit herrscht in Brasilien eine enorme Arbeitslosigkeit. Brasilianer haben nach einer Entlassung große Schwierigkeiten, eine neue und gleichwertige Arbeitsstelle zu finden. Die brasilianischen Direktoren wollen Entlassungen möglichst vermeiden. Damit ist jedoch nicht geklärt, warum sie gegen die

Streichung der Geschäftswagen oder den Verkauf des Firmengebäudes sind. Dadurch, dass diese Antwort nicht alle Aspekte der
Situation erklären kann, ist sie als unzutreffend einzuschätzen.

Erläuterung zu d):
Statussymbole besitzen in Brasilien für Einzelpersonen und für
Firmen einen großen Wert. Die Direktoren befürchten, dass sowohl sie selbst als auch ihre Mitarbeiter an Macht, Respekt und
Einfluss verlieren könnten, wenn Statussymbole wie Geschäftswagen oder zweite Sekretärinnen gestrichen würden. Sie sind der
Meinung, dass durch den Verkauf des schönen Firmengebäudes
die Außenpräsentation ihrer Firma enorm leiden würde, was sich
auch negativ auf ihren Stand in der Branche auswirken könnte.
Diese Antwortalternative erklärt am Wahrscheinlichsten, warum
die brasilianischen Direktoren die vorgeschlagenen Sparmaßnahmen strikt verweigern.

■ Lösungsstrategie

Deutsche Mitarbeiter definieren sich eher über ihre erbrachte
Leistung als über Statussymbole, die sie vorweisen können. Dagegen stehen in Brasilien Statussymbole immer noch für Ansehen und Macht, wie zu Zeiten der Militärdiktatur. Wie können
Sie also anstelle von Herrn Henkel reagieren, wenn sich Ihre Mitarbeiter gegen den Verzicht auf Statussymbole wehren, der Ihrer
Meinung nach jedoch notwendig ist?
    Ein Umzug in ein kleineres Firmengebäude signalisiert den
brasilianischen Geschäftspartnern oder Kunden tatsächlich, dass
sich das Unternehmen in einer Krise befindet. Dadurch verliert
Ihre Firma an Attraktivität, sodass Geschäftspartner kein Interesse haben, mit Ihrer Firma zu kooperieren, da sie scheinbar kurz
vor dem Bankrott steht. Falls keine andere Möglichkeit besteht,
als Sparmaßnahmen durchzuführen, erläutern Sie in einer Sitzung mit Ihren Direktoren das Problem und befragen Sie sie nach
für sie möglichen und akzeptablen Lösungen. Es wäre denkbar,
dass die Direktoren eine kurzfristige Kürzung der Gehälter vorschlagen, um die Statussymbole beibehalten zu können. In eine

solche Entscheidung fließt auch die Tatsache ein, dass Statussymbole Brasilianer in der Arbeit stark motivieren, was nicht zu vernachlässigen ist.

Um brasilianische Kollegen für Sparmaßnahmen zu gewinnen, sollten Sie vor einer Gruppenbesprechung mit den Personen einzeln sprechen. Wenn Sie Ihre Kollegen individuell ansprechen, haben Sie größere Chancen, dass sie zu einer Kooperation bereit sind. Zeigen Sie dabei den Ernst der Lage auf, indem Sie beispielsweise darauf verweisen, dass auch in Deutschland stark eingespart werden müsse. Verdeutlichen Sie dabei die Verantwortung jedes Einzelnen für einen positiven Ausgang der Krise. Letztendlich sollte sich jeder Kollege für die Lösung des Problems individuell verantwortlich fühlen.

Entscheiden Sie sich dafür, trotz des Widerstands der Direktoren alle Sparmaßnahmen einzuleiten, wird dies die finanzielle Situation der Firma kurzfristig retten. In der beschriebenen Situation ereignete es sich jedoch, dass die Hälfte der Direktoren daraufhin eine Kündigung einreichte und das Betriebsklima sich stark verschlechterte, was unter anderem einen geringen Einsatz der Mitarbeiter zur Folge hatte. Betrachtet man die langfristigen Folgen dieser Problemlösung, wird ersichtlich, dass der eingeschlagene Weg eine Verschlechterung der Situation bewirkte.

▦ Kulturelle Verankerung von »Hierarchieorientierung«

Brasilianische Unternehmen sind weitgehend hierarchisch strukturiert. Das bedeutet, dass die Macht- und Entscheidungsbefugnis zumeist zentralisiert ist und nur in den Händen der Vorgesetzten liegt. Die Hierarchieorientierung führt zu einem ausgeprägten Obrigkeitsdenken auf Seiten der brasilianischen Mitarbeiter. Diese zeigen dann mehr Kooperationsbereitschaft, wenn ihr Gegenüber aufgrund seiner höheren Position über mehr Macht und Einfluss im Unternehmen verfügt. Arbeitsaufträge werden daher je nach Position der anweisenden Person mehr oder weniger verbindlich aufgefasst. Aufgrund der Machtzentralisierung, die sich in der alleinigen Entscheidungsbefugnis des Chefs äußert, entsteht eine passive Erwartungshaltung der Mitarbeiter, da allein der Chef über alle wichtigen Informationen verfügt und den Überblick über alles hat. Aus Angst, Fehler zu machen, ziehen Mitarbeiter es vor, nur ausführend tätig zu sein. Letztendlich mündet dies oftmals in einer Neigung zu Konformität und Pflichterfüllung. Sie führen Arbeitsaufträge des Chefs rigide und unkritisch aus (vgl. Situation »Softwareentwicklung«). Die Vorgesetzten führen die Firma eher autoritär und erwarten von ihren Mitarbeitern, dass sie vorrangig exekutiv tätig sind. Beide Seiten sind darauf bedacht, dass diese Hierarchiegrenzen respektiert werden, was sich vor allem in der Aufteilung der unterschiedlichen Arbeits- und Zuständigkeitsbereiche zeigt. Vorgesetzte sind für planerische Tätigkeiten zuständig und tragen die Gesamtverantwortung, während Mitarbeiter eher nur ausführend tätig sind. Um sicherzugehen, dass ein Auftrag richtig und plangemäß ausgeführt wird, muss ein brasilianischer Chef ständig Kontrolle ausüben.

Zugleich besteht jedoch eine gegenseitige Abhängigkeits- und Verpflichtungsbeziehung zwischen dem Chef und dem Mitarbeiter, die sich im Paternalismus ausdrückt. Der Chef ist als *patrão* nicht nur Arbeitgeber, sondern auch Schutzherr. Brasilianische Mitarbeiter erwarten deshalb Fürsorglichkeit, sowie Hilfe und Unterstützung von ihrem Chef. Der Chef soll Missstände erkennen und beseitigen und gleichzeitig auf persönliche Bedürfnisse und Umstände der Mitarbeiter Rücksicht nehmen (vgl. Situation »Erhöhung der Benzinpreise«); er nimmt eine gewisse Vaterrolle ein. Im Gegenzug verpflichten sich Mitarbeiter zur Loyalität gegenüber ihrem Chef. Ohne weiteres sind sie bereit, ihren Chef durch Überstunden zu unterstützen, wenn die Situation es erfordert. Da ein paternalistischer Chef vor allem durch Ansehen und Einfluss seine Mitarbeiter führt, muss er sich darum bemühen, diesen Status aufrechtzuerhalten. Kritik an seiner Person oder an seiner Arbeit kann er daher nicht zulassen. Dies würde einem Zweifel an seiner Kompetenz gleichkommen und sein Status wäre gefährdet.

Bei der Hierarchieorientierung spielt auch der soziale Status eine wichtige Rolle, da sich Brasilianer weniger über ihre Leistung definieren als über ihren Status, den sie wesentlich sichtbarer vorweisen können. Der Status drückt sich in Statussymbolen oder auch in besonderem sozialen Verhalten aus. Geschäftswagen, Kreditkarte, eine zweite Sekretärin und so fort sind wirksame Mittel, um sich von unteren Hierarchiestufen abzugrenzen. Lässt man seinen Geschäftspartner warten, zeigt man damit, dass man sich als höher gestellt und das Meeting als eher unwichtig ansieht.

Es herrschte starkes Obrigkeitsdenken, als im 16. Jahrhundert die Portugiesen Brasilien kolonialisierten. Die Portugiesen teilten Brasilien in Bundesstaaten auf, die von je einem Capitão regiert wurden. Anordnungen von dem *Capitão* hatten Befehlscharakter und waren zu befolgen, auch wenn es sich um sinnlose Aufträge handelte. In dieser Zeit fand auch die paternalistische Prägung des Hierarchiebewusstseins statt. Der Paternalismus entwickelte sich aus der Beziehung zwischen dem Großgrundbesitzer und den Sklaven. Sie lebten zusammen auf einer *Fazenda*, die eine sich selbstverwaltende Institution war und verschiedene Funktionen einnahm. Der Großgrundbesitzer war verantwortlich für alle existenziellen Bedürfnisse seiner Sklaven, beispielsweise in der Bereitstellung von Lebensmitteln und der medizinischen Versorgung. Um ein einigermaßen harmonisches und konfliktfreies soziales Zusammenleben zu gewährleisten, konnte der Großgrundbesitzer nicht beliebig mit seinen Sklaven umgehen. Deshalb kümmerte er sich auch um die kulturellen und sozialen Bedürfnisse der Sklaven wie um ihre Religiosität. Damit kam er der Gefahr eines Sklavenaufstands zuvor. Die Sklaven akzeptierten die Macht ihrer Herren, erwarteten jedoch im Gegenzug von ihnen einen »väterlichen« Umgang. Es ist anzunehmen, dass die beschriebenen geschichtlichen Ereignisse die heutige hierarchische Struktur brasilianischer Firmen prägten.

Des Weiteren entstand aufgrund der Existenz eines Sklavenstandes bei den Kolonialportugiesen der Wunsch, sich auch äußerlich von den unteren Hierarchiestufen abzugrenzen. Sie demonstrierten ihre Herkunft durch Statussymbole, wie zum Beispiel eine auffällige Seidenbekleidung. Die Art der Statussymbole haben sich mit der Zeit verändert, ihre Bedeutung und Wichtigkeit ist jedoch immer noch dieselbe geblieben.

■ Themenbereich 6: Gegenwartsorientierung

■ Beispiel 14: Powerpoint-Präsentation

■ Situation

Herr Sonntag lebt seit einem Jahr in São Paulo und arbeitet dort als kaufmännischer Leiter einer deutschen Firma. Er bekommt vom Mutterhaus in Deutschland den Auftrag, in München einen Vortrag über das geplante nächste Geschäftsjahr der Filiale zu halten. Da er davon erfährt, als er gerade auf einer Geschäftsreise ist, trägt er per E-Mail seinen brasilianischen Mitarbeitern auf, den Vortrag vorzubereiten. Des Weiteren schreibt er ihnen, dass er in drei Tagen auf der Durchreise nach São Paulo kommen werde. Dann könnten sie die Powerpoint-Präsentation kurz durchsprechen, bevor er nach München fliegen werde. Als Herr Sonntag nach São Paulo kommt, ist die Präsentation in keiner Weise vorbereitet. Als seine Mitarbeiter entschuldigend bemerken, dass so viel zu tun gewesen wäre, ärgert sich Herr Sonntag.

Warum haben die brasilianischen Mitarbeiter die Powerpoint-Präsentation nicht vorbereitet?

– Lesen Sie die Antwortalternativen nacheinander durch.
– Bestimmen Sie den Erklärungswert jeder Antwortalternative für die gegebene Situation und kreuzen Sie ihn auf der darunter liegenden Skala entsprechend an. Es ist möglich, dass mehrere Antwortalternativen den gleichen Erklärungswert besitzen.

◼ Deutungen

a) Die Mitarbeiter haben diesen Auftrag als nicht wichtig erachtet, da Herr Sonntag ihnen diesen nur per E-Mail mitteilte und sich später nicht mehr danach erkundigte.

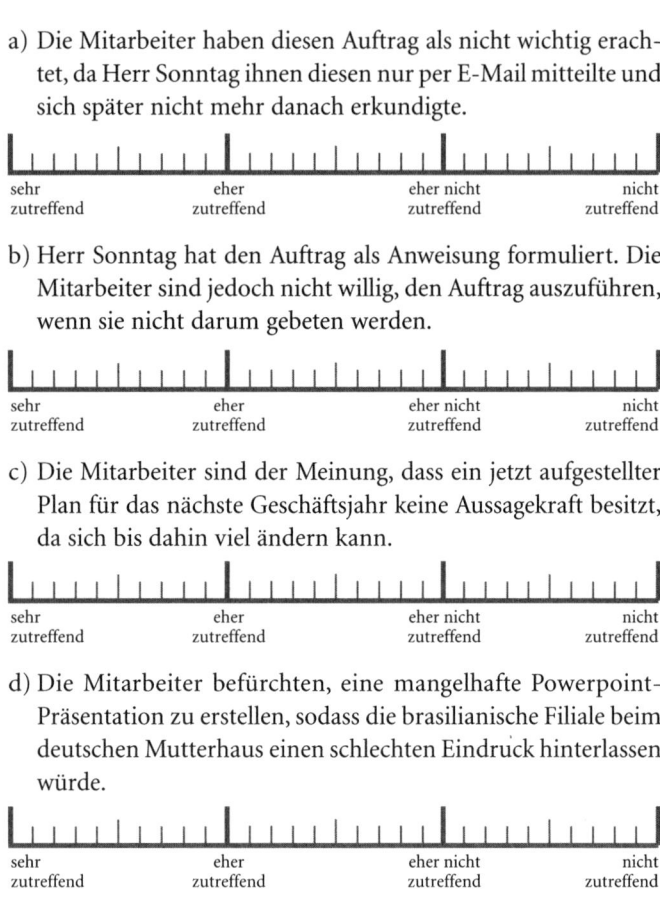

| sehr zutreffend | eher zutreffend | eher nicht zutreffend | nicht zutreffend |

b) Herr Sonntag hat den Auftrag als Anweisung formuliert. Die Mitarbeiter sind jedoch nicht willig, den Auftrag auszuführen, wenn sie nicht darum gebeten werden.

| sehr zutreffend | eher zutreffend | eher nicht zutreffend | nicht zutreffend |

c) Die Mitarbeiter sind der Meinung, dass ein jetzt aufgestellter Plan für das nächste Geschäftsjahr keine Aussagekraft besitzt, da sich bis dahin viel ändern kann.

| sehr zutreffend | eher zutreffend | eher nicht zutreffend | nicht zutreffend |

d) Die Mitarbeiter befürchten, eine mangelhafte Powerpoint-Präsentation zu erstellen, sodass die brasilianische Filiale beim deutschen Mutterhaus einen schlechten Eindruck hinterlassen würde.

| sehr zutreffend | eher zutreffend | eher nicht zutreffend | nicht zutreffend |

– Versuchen Sie, Ihre Einstufungen jeder Antwortalternative zu begründen. Halten Sie die Begründung in schriftlicher Form stichpunktartig fest.
– Lesen Sie nun die Erläuterungen zu jeder Antwortalternative und vergleichen Sie diese mit Ihren Begründungen.

■ Bedeutungen

Erläuterung zu a):

Brasilianer setzen bei der Aufgabenbearbeitung Prioritäten, wobei sie sich danach richten, welche Aufgaben im Moment am Dringendsten zu erledigen sind. Der Chef kann auf die Prioritätensetzung der Mitarbeiter Einfluss nehmen, indem er den Auftrag persönlich erteilt und sich zwischenzeitlich nach dem bereits erzielten Fortschritt erkundigt. Da Herr Sonntag nicht wieder gefragt hat, entstand bei den Mitarbeitern der Eindruck, dass es sich bei der Vorbereitung der Powerpoint-Präsentation um eine weniger wichtige Aufgabe handelt, weswegen sie diese erst einmal hintangestellt haben. Diese Erklärung beschreibt das Verhalten der Mitarbeiter am Besten.

Erläuterung zu b):

Die Beziehung zwischen Chef und Mitarbeiter beruht in Brasilien auf einem gegenseitigen Geben und Nehmen. Für ihre Loyalität erwarten Mitarbeiter, dass sie freundlich und respektvoll behandelt werden. Sie zeigen umso mehr Engagement, wenn Arbeitsaufträge von ihrem Vorgesetzten als Bitte vorgetragen werden. Den Auftrag von Herrn Sonntag auszuführen, der nur per E-Mail weitergeleitet und von seinen Mitarbeitern als sehr bestimmend wahrgenommen wurde, widerstrebt ihnen. Falls sie jedoch tatsächlich darüber verärgert gewesen wären, hätten sie versucht, ihrem Chef ihren Unmut indirekt mitzuteilen. Die Behauptung, mit Wichtigerem beschäftigt gewesen zu sein, beinhaltet jedoch keine indirekte Kritik am Verhalten ihres Chefs. Diese Erklärung beschreibt einen Teilaspekt der Situation. Eine andere Erklärung begründet den gesamten Situationsverlauf besser.

Erläuterung zu c):

In brasilianischen Firmen ist es weniger üblich, langfristige Pläne zu erstellen. Durch die sich ständig ändernden Umstände politischer und wirtschaftlicher Art ist die Zukunft nur bedingt kalkulierbar. Daher könnten die Mitarbeiter von Herrn Sonntag den Auftrag von Herrn Sonntag als sinnlos erachtet haben. Gegen diese Erklärung spricht, dass auch Brasilianer in gewissem Umfang planen müssen und lediglich sehr langfristige Planungen unterlassen würden. Dadurch, dass es sich aber um einen Plan für das folgende Jahr handelt, ist diese Erklärung unzutreffend.

Erläuterung zu d):
Brasilianer haben im Allgemeinen großen Respekt vor dem, was aus einem wirtschaftlich erfolgreichen Land kommt. Die Mitarbeiter von Herrn Sonntag haben große Achtung vor dem deutschen Mutterhaus. Sie befürchten, dem deutschen Standard nicht gerecht werden zu können. Die Präsentation eines von ihnen unzulänglich vorbereiteten Vortrags könnte dazu führen, dass sie ihre Filiale vor dem deutschen Mutterhaus bloßstellen. Trotz Versagensangst würden sie die Präsentation vorbereiten, da sie sich durch einen nicht ausgeführten Auftrag ebenso blamieren würden. Um einer Blamage vorzubeugen, würden sie vielmehr die Hilfe kompetenter Kollegen in Anspruch nehmen. Betrachtet man den Situationsverlauf, ist diese Erklärung als eher unzutreffend einzustufen.

◼ Lösungsstrategie

Im Vergleich zu Brasilianern zeichnen sich Deutsche bei der Aufgabendurchführung durch eine monochrone Vorgehensweise aus. Sie bearbeiten am liebsten eine Aufgabe nach der anderen und halten sich dabei strikt an einen aufgestellten Plan. Brasilianer hingegen setzen täglich neue Prioritäten, da sie neue Arbeitsaufträge annehmen und beginnen, obwohl ältere noch nicht abgeschlossen sind. Wie kann ein deutscher Chef seinen Angestellten zum Ausführen nur eines Auftrags überreden?

Zuallererst neigen Brasilianer dazu, sich dem Neuen und Aktuellen zu widmen. Herr Sonntag hätte deswegen eigentlich gute Chancen gehabt, dass sein Auftrag vorgezogen worden wäre. Es ist jedoch anzunehmen, dass seine brasilianischen Mitarbeiter sehr beschäftigt waren und dieser aktuelle Auftrag nicht als vorrangig wichtig betrachtet wurde. Um einem Arbeitsauftrag oberste Priorität zuzuweisen, sind folgende Verhaltensweisen ratsam: Wenn Brasilianer persönlich um eine Arbeitserledigung gebeten werden, steigt die Priorität der Aufgabe. Es wäre also besser gewesen, wenn Herr Sonntag den Auftrag nicht schriftlich per

E-Mail, sondern zusätzlich per Telefon delegiert hätte. Durch den persönlichen Kontakt steigt das Verantwortungsgefühl der Brasilianer. Er hätte jedoch auch deutlich machen müssen, warum der Auftrag oberste Priorität hat, und im Zuge dessen seine Wichtigkeit erklären müssen, beispielsweise dass der Plan für das nächste Geschäftsjahr von entscheidender Bedeutung für weitere Subventionen vom Mutterhaus ist.

Er hätte weiterhin die Verantwortlichkeit für das Ergebnis dieser Aufgabe auf einen ausgewählten Mitarbeiter übertragen können. Diesem beauftragten Mitarbeiter sollte der Auftrag schließlich nicht als Selbstverständlichkeit zugemutet werden, sondern man sollte als Chef den Mitarbeiter explizit um den Gefallen bitten, den Auftrag umzusetzen, der eigentlich Chefsache ist. Damit steigt das persönliche Verpflichtungsgefühl des Mitarbeiters. Schließlich hätte Herr Sonntag wiederholt anrufen müssen, um zu kontrollieren, ob es Probleme gibt und an der Sache gearbeitet wird. Er hätte sich auch das Konzept oder die Gliederung der Präsentation schon einmal per E-Mail zuschicken lassen können, um sich über den Arbeitsprozess ein Bild verschaffen zu können.

So können Sie als Chef die Prioritätensetzung ihrer Mitarbeiter steuern. Delegieren in Brasilien ist kein abschließender Akt, sondern ein permanenter. Dies impliziert jedoch, dass sie einen parallelen Zeitplan für sich selbst aufstellen müssen, um nicht den Überblick zu verlieren.

■ Beispiel 15: Flugbuchungen

■ Situation

Herr Fuhrmann arbeitet seit zwei Jahren als Finanzgeschäftsführer einer Autofirma in Curítiba. Seine brasilianischen Mitarbeiter kommen immer erst einen Tag vor Abflug zu seiner Sekretärin, um sie mit einer Flugbuchung zu beauftragen. Herr Fuhrmann hat schon öfters versucht, den Mitarbeitern zu erklären, dass sie ihre Flüge bitte früher bei seiner Sekretärin anmelden sollen, da kurzfristig gebuchte Flüge wesentlich teurer sind. Diese zusätzlichen Kosten wären unnötig und leicht zu vermeiden. Alle Bemühungen von Herrn Fuhrmann schlagen fehl. Seine Mitarbeiter kommen immer noch »auf den letzten Drücker«.

Wie erklären Sie sich das Verhalten der brasilianischen Mitarbeiter?

- Lesen Sie die Antwortalternativen nacheinander durch.
- Bestimmen Sie den Erklärungswert jeder Antwortalternative für die gegebene Situation und kreuzen Sie ihn auf der darunter liegenden Skala entsprechend an. Es ist möglich, dass mehrere Antwortalternativen den gleichen Erklärungswert besitzen.

◼ Deutungen

a) Die Mitarbeiter wollen zeigen, dass sie es sich in ihrer hohen Position herausnehmen können, den Auftrag zur Buchung des Flugs kurz vor der Abreise zu geben.

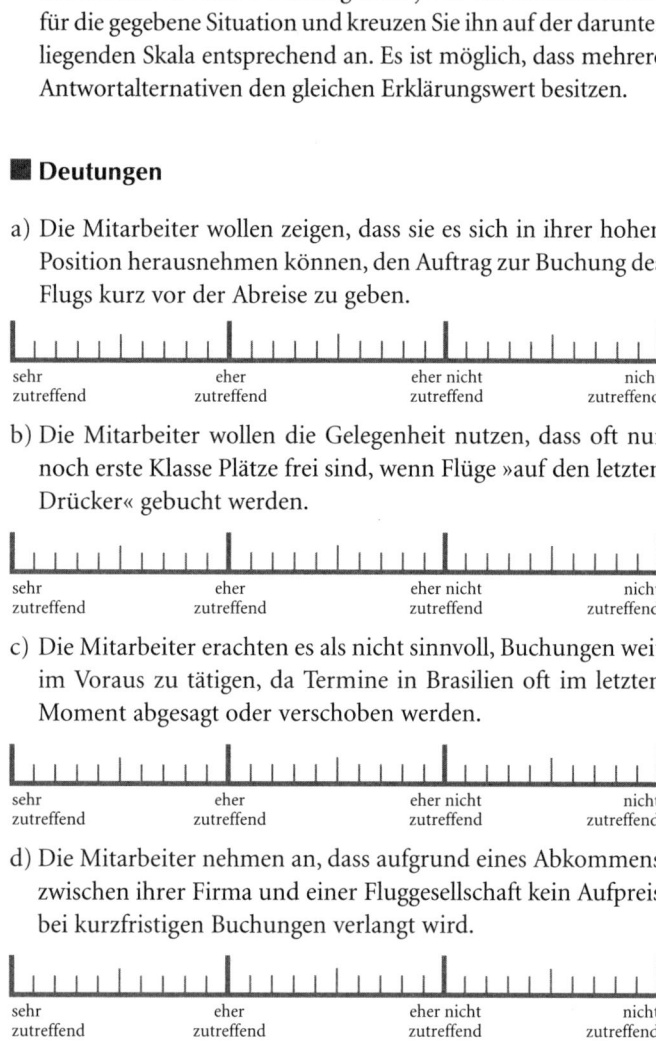

| sehr zutreffend | eher zutreffend | eher nicht zutreffend | nicht zutreffend |

b) Die Mitarbeiter wollen die Gelegenheit nutzen, dass oft nur noch erste Klasse Plätze frei sind, wenn Flüge »auf den letzten Drücker« gebucht werden.

| sehr zutreffend | eher zutreffend | eher nicht zutreffend | nicht zutreffend |

c) Die Mitarbeiter erachten es als nicht sinnvoll, Buchungen weit im Voraus zu tätigen, da Termine in Brasilien oft im letzten Moment abgesagt oder verschoben werden.

| sehr zutreffend | eher zutreffend | eher nicht zutreffend | nicht zutreffend |

d) Die Mitarbeiter nehmen an, dass aufgrund eines Abkommens zwischen ihrer Firma und einer Fluggesellschaft kein Aufpreis bei kurzfristigen Buchungen verlangt wird.

| sehr zutreffend | eher zutreffend | eher nicht zutreffend | nicht zutreffend |

- Versuchen Sie, Ihre Einstufungen jeder Antwortalternative zu begründen. Halten Sie die Begründung in schriftlicher Form stichpunktartig fest.
- Lesen Sie nun die Erläuterungen zu jeder Antwortalternative und vergleichen Sie diese mit Ihren Begründungen.

▪ Bedeutungen

Erläuterung zu a):
Der Status einer Person spielt in der Firma eine große Rolle. Ein höherer Status bewirkt größeren Respekt. Respekt wiederum beinhaltet viele Vorrechte, über die andere, niedriger gestellte Personen nicht verfügen. Die Mitarbeiter geben ihre Flüge kurzfristig bekannt, mit dem Ziel, den Eindruck zu erwecken, dass sie eine wichtige Position innehaben und es sich leisten können, der Sekretärin erst im letzten Moment über zukünftige Geschäftsflüge Bescheid zu geben. Diese Erklärung könnte das Motiv einiger höher gestellter Mitarbeiter erklären. Da jedoch alle Mitarbeiter der Firma Buchungen kurzfristig in Auftrag geben, ist die Erklärung kaum verallgemeinerbar und damit unzutreffend.

Erläuterung zu b):
Es kommt vor, dass Brasilianer ihr eigenes Wohlergehen über die Firmeninteressen stellen. Die Mitarbeiter von Herrn Fuhrmann sind der Meinung, dass die Firma über relativ viel Geld verfügt und es somit nichts ausmacht, ob die Firma Flüge erster oder zweiter Klasse für sie bezahlt. Dieses Verhalten würde sich jedoch nur bei Mitarbeitern zeigen, die sich nicht persönlich gegenüber der Firma verpflichtet fühlen und keine gute Beziehung zu ihrem Chef unterhalten. Da es hierfür keinerlei Anhaltspunkte gibt, trifft die Erklärung nicht zu, da sie zu spekulativ ist.

Erläuterung zu c):
Brasilianer planen sehr kurzfristig und orientieren sich in ihrer Planung an den momentanen Gegebenheiten. In ihren Augen ist es nicht sinnvoll, langfristig zu planen, da in Brasilien derart viele Ereignisse dazwischen kommen können, die den ursprünglichen Plan zunichte machen. Deshalb weigern sich die Mitarbeiter von

Herrn Fuhrmann, im Voraus Buchungen in Auftrag zu geben. Womöglich wissen sie sogar, dass sie einen Geschäftsflug für die folgende Woche benötigen. Aber wann sie genau fliegen wollen, können sie erst im letzten Moment entscheiden, da sich so vieles noch ereignen kann, das ihren Terminplan verändern könnte. Diese Antwort beschreibt den kulturellen Hintergrund dieser Situation am Besten.

Erläuterung zu d):
Abkommen dieser Art existieren tatsächlich in Brasilien. Die Mitarbeiter handeln im Glauben, dass auch ihre Firma ein solches Abkommen mit einer Fluggesellschaft getroffen hat. Allerdings weist Herr Fuhrmann als Vorgesetzter seine Mitarbeiter ausdrücklich darauf hin, dass durch kurzfristige Buchungen die Ausgaben der Firma steigen und dies, wenn möglich, vermieden werden sollte. In einer brasilianischen Firma, die hierarchisch strukturiert ist, würden die Mitarbeiter einer solchen Aufforderung nicht zuwiderhandeln, wenn es nicht ein grundlegendes Unverständnis darüber gäbe. Diese Erklärung trifft nicht zu.

■ Lösungsstrategie

Das Problem in dieser Situation besteht darin, dass bei einer deutsch-brasilianischen Zusammenarbeit die kurzfristige Planung der Brasilianer auf die langfristige der Deutschen trifft. Die beiden Vorgehensweisen sind konträr.

Durch die kurzfristigen Buchungen der Brasilianer kommt es aber zu finanziellen Einbußen der Firma. Sie könnten anstelle von Herrn Fuhrmann das Thema in Besprechungen zur Sprache bringen und erklären, warum Sie die Mitarbeiter bitten, geplante Flüge früher bekannt zu geben. Dies wäre eine durchaus einleuchtende und vernünftige Strategie, die allerdings auch schon Herr Fuhrmann vergeblich ausprobiert hatte.

Genauso wie Unverständnis auf Seiten Herrn Fuhrmanns gegenüber dem Verhalten seiner Mitarbeiter besteht, besteht das Unverständnis auch bei seinen Mitarbeitern über Herrn Fuhrmanns Forderung, langfristig zu planen. Sie müssen sich hier vergegenwärtigen, dass die Brasilianer nicht aus Lustlosigkeit, Unmut oder dergleichen ihre Flugbuchungen kurzfristig aufgeben. Öfters kommt es zu Terminänderungen bei ihnen selbst und bei ihren Geschäftspartnern. Es könnte sein, dass ein Geschäftspartner sich kurzfristig meldet und anfragt, ob man nicht drei Tage früher zur Besprechung in das 1.000 km entfernte Salvador kommen könne, da dann auch der Direktor einer anderen Firma in der Stadt sei und man eine kleine Feier geben werde. Wenn dieser Direktor zufällig geschäftlich für Sie sehr interessant ist, werden Sie kaum zögern, dieses Angebot anzunehmen. Dieses Beispiel ist nicht willkürlich gewählt, sondern verdeutlicht, dass oftmals persönliche Motive, wie das Kennenlernen einer Person, ausschlaggebend für eine äußerst flexible Terminplanung sind. Sich langfristig festzulegen könnte negative Auswirkungen auf Geschäftsbeziehungen mit sich ziehen und sogar höhere Kosten durch Flugstornierungen verursachen. Wenn Sie die Situation aus dieser Sicht betrachten, wird auch deutlich, dass Appelle im Hinblick auf eine langfristige Planung kaum sinnvoll sind.

Vielmehr ist in dieser spezifischen Situation eine Anpassung an brasilianische Umstände gefragt. Sie könnten anstelle von Herrn Fuhrmann tatsächlich ein Abkommen mit einer Fluggesellschaft abschließen, das beinhaltet, dass Sie nur bei dieser Airline buchen, dafür aber auch ohne Preiserhöhung kurzfristig buchen können.

Beispiel 16: Reparaturen

Situation

Herr Kringel ist vor drei Jahren nach São Paulo gegangen und arbeitet dort in einer deutschen Firma, in der er für den Verkauf von Kunststoffgranulaten zuständig ist. Regelmäßig besucht er seine Kunden, um sich unter anderem zu vergewissern, dass diese keine Qualitätsprobleme mit den gelieferten Produkten zu bemängeln haben. Bei einem Kundenbesuch schaut sich Herr Kringel die Kunststoffverarbeitungsmaschinen in dieser Firma etwas genauer an. Eine Maschine war defekt, weshalb neue Einzelteile wie Sicherheitsvorrichtungen bestellt werden mussten. Der brasilianische Firmeninhaber, Ronaldo, erklärt Herrn Kringel, dass sie die Teile selbst zusammengebastelt hätten, um die Lieferzeit der Ersatzteile zu überbrücken. Er behauptet, dass die Maschine einwandfrei funktionieren würde. Herr Kringel wundert sich über Ronaldo, der sich keine Gedanken über die Erhöhung der Unfallgefahr für die Maschinenbediener macht. Er erachtet sein Verhalten als verantwortungslos.

Warum lässt Ronaldo die Teile selber zusammenbauen, auch wenn dadurch das Unfallrisiko steigt?

– Lesen Sie die Antwortalternativen nacheinander durch.
– Bestimmen Sie den Erklärungswert jeder Antwortalternative für die gegebene Situation und kreuzen Sie ihn auf der darunter liegenden Skala entsprechend an. Es ist möglich, dass mehrere Antwortalternativen den gleichen Erklärungswert besitzen.

■ Deutungen

a) Da sich kein Mitarbeiter von Ronaldo je über das Unfallrisiko in ähnlichen Situationen beschwert hat, spricht für ihn nichts gegen die beschriebene Problemüberbrückung.

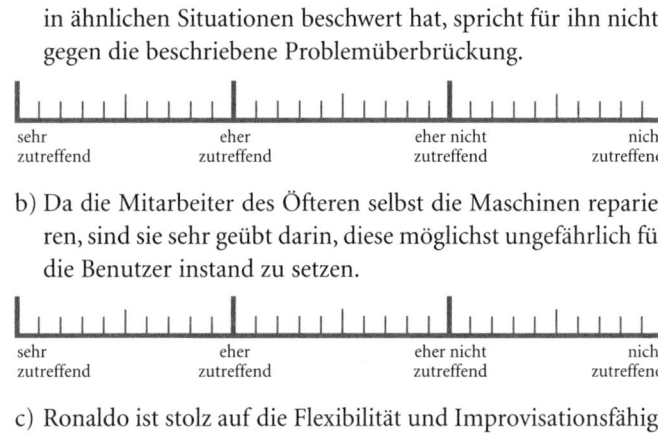

| sehr zutreffend | eher zutreffend | eher nicht zutreffend | nicht zutreffend |

b) Da die Mitarbeiter des Öfteren selbst die Maschinen reparieren, sind sie sehr geübt darin, diese möglichst ungefährlich für die Benutzer instand zu setzen.

| sehr zutreffend | eher zutreffend | eher nicht zutreffend | nicht zutreffend |

c) Ronaldo ist stolz auf die Flexibilität und Improvisationsfähigkeit von sich selbst und von seinen Mitarbeitern.

| sehr zutreffend | eher zutreffend | eher nicht zutreffend | nicht zutreffend |

d) Ronaldo versucht die defekte Maschine so schnell wie möglich in Betrieb zu setzen, ohne auf Folgeprobleme zu achten.

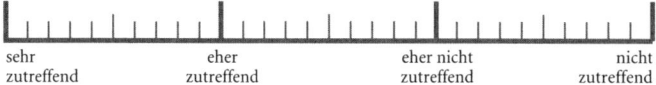

| sehr zutreffend | eher zutreffend | eher nicht zutreffend | nicht zutreffend |

– Versuchen Sie, Ihre Einstufungen jeder Antwortalternative zu begründen. Halten Sie die Begründung in schriftlicher Form stichpunktartig fest.
– Lesen Sie nun die Erläuterungen zu jeder Antwortalternative und vergleichen Sie diese mit Ihren Begründungen.

■ Bedeutungen

Erläuterung zu a):
Eine hohe Arbeitslosigkeit in Brasilien führt dazu, dass Angestellte oft Mühen oder Gefahren auf sich nehmen, um ihre Arbeitsstelle behalten zu können. Ronaldo ist sich bewusst, dass er mehr von seinen Mitarbeitern fordern kann. Daher weisen die brasilianischen Angestellten ihn nicht auf die Gefahr hin und weigern sich nicht, unter solchen Umständen zu arbeiten. Gäbe es jedoch eine akute Gefahrensituation, täte Ronaldo alles, um ein gefahrenloses Arbeiten seiner Mitarbeiter sicherzustellen, da er als brasilianischer Chef auch um das Wohl seiner Mitarbeiter besorgt ist. Da anzunehmen ist, dass sich Ronaldo der Gefahr bewusst ist, ist diese Erklärung unwahrscheinlich.

Erläuterung zu b):
Brasilianer versuchen, technische Probleme in der Arbeit erst einmal selbst in die Hand zu nehmen, bevor sie eine dafür spezialisierte Firma engagieren. In wirtschaftlich instabilen Perioden haben sich viele Mitarbeiter Fähigkeiten angeeignet, die nicht unbedingt zu ihrem Spezialgebiet gehörten. Die brasilianischen Angestellten sind mittlerweile derart geübt in solchen provisorischen Reparaturen, dass kaum erhöhtes Unfallrisiko bei der Bedienung der reparierten Maschinen besteht. In diesem Fall wäre es allerdings nicht mehr notwendig, eine Bestellung für die defekten Einzelteile aufzugeben. Dadurch, dass Ronaldo von einer

»Überbrückung« spricht, muss angenommen werden, dass die provisorischen Reparaturen die Maschinen zwar wieder zum Funktionieren bringen konnten, jedoch die Bedienung anscheinend immer noch gewisse Risiken in sich birgt. Daher trifft diese Erklärung eher nicht zu.

Erläuterung zu c):
Brasilianer halten generell nicht viel davon, sich rigide an Regeln und Vorschriften zu halten. In der Arbeit umgehen sie Regeln, wenn sie sich dadurch Arbeitsprozesse erleichtern können. Es macht ihnen Spaß und sie sind auch sehr stolz darauf, wenn sie einen Ausweg finden, um nicht nach »Schema F« handeln zu müssen. Dabei zeigen sie sich sehr flexibel und improvisationsfreudig. Ronaldo ist stolz, zusammen mit seinen Mitarbeitern einen kreativen Weg gefunden zu haben, die defekte Maschine weiterhin benutzen zu können. Diese Erklärung trifft nur teilweise zu, da sie nicht erklären kann, warum der Firmeninhaber das erhöhte Unfallrisiko nicht wahr- oder eventuell sogar bewusst in Kauf nimmt.

Erläuterung zu d):
Brasilianer orientieren sich an der Gegenwart und suchen die Lösung eines Problems vorrangig in der gegebenen Situation, wobei sie dazu neigen, mögliche Folgen in der Zukunft auszublenden. Sie gehen pragmatisch vor, um möglichst schnell eine Lösung für die momentane Problemlage zu finden. Ronaldo ist womöglich bewusst, dass durch ein provisorisches Reparieren der Maschine das Unfallrisiko steigen kann. Jedoch erst, wenn die Bedienung der Maschine tatsächlich zu einem Unfall führen sollte, wäre der Zeitpunkt gekommen, sich über dieses »neue« Problem Gedanken zu machen. Diese Antwort erklärt am Besten das Verhalten von Ronaldo.

■ Lösungsstrategie

Während Brasilianer oftmals äußerst pragmatisch Probleme in der Arbeit lösen, halten sich Deutsche eher an Vorschriften und Regeln. Eine Maschine ohne Plan zu reparieren, erscheint Deutschen als zu unsicher, weshalb sie lieber einen Fachmann rufen, auch wenn dies höhere Kosten mit sich bringt.

Was können Sie nun tun, wenn aufgrund des brasilianischen Pragmatismus eine Gefährdung der Mitarbeiter besteht? Als Chef einer deutschen Firma könnten Sie erklären, dass unter einem solchen Risiko nicht gearbeitet werden darf. Ihre Mitarbeiter werden dies sehr wahrscheinlich akzeptieren, zumal die Verantwortung für dadurch entstehende finanzielle Einbußen bei Ihnen liegen würde. Doch was können Sie an Herrn Kringels Stelle tun, um den brasilianischen Firmenbesitzer auf seine Verantwortung hinzuweisen? Den reinen Hinweis auf die Gefahr wird der Brasilianer wahrscheinlich nur mit einem Lächeln beantworten. Sie können ihn aber auf die Arbeitsgesetzgebung aufmerksam machen, die besagt, dass Gefahr für Leib und Leben mit einem Zuschlag von 30 Prozent auf das Gehalt bezahlt werden muss, ähnlich der Gefahrenzulage in Deutschland. Aus Angst davor, von Ihnen oder den Mitarbeitern angezeigt zu werden, könnten Sie beim Firmenbesitzer damit eventuell sogar Erfolg haben.

Des Weiteren können sie lediglich dann Einfluss auf die Sicherheitssituation von Mitarbeitern nehmen, wenn Sie sich in einer bedeutsamen Position befinden. Sie als Chef können in der eigenen Firma das Gefahrenrisiko durch entsprechende Anweisungen minimieren oder als wichtiger Geschäftspartner darauf aufmerksam machen, dass Sie unter solchen Umständen eine weitere Kooperation überdenken müssen, da Sie derartige Arbeitsumstände nicht unterstützen möchten.

Die beschriebene Situation lässt den Pragmatismus der Brasilianer in einem eher negativen Licht erscheinen, was keinesfalls zu verallgemeinern ist. In vielen Situationen, die keine Gefahr oder Risiko mit sich ziehen, bewerten Deutsche den Pragmatismus der Brasilianer sehr positiv, nämlich als Zeit und Kosten sparend.

■ Kulturelle Verankerung von »Gegenwartsorientierung«

Brasilianer zeigen eine ausgesprochene Gegenwartsorientierung, die sich in unterschiedlichen Aspekten des Arbeitsalltags äußert. Sie tendieren dazu, Arbeitsaufträge entgegenzunehmen, auch wenn ältere Arbeitsaufträge noch nicht abgeschlossen wurden. Das führt dazu, dass sie häufig an mehreren Aufgaben gleichzeitig arbeiten, sodass von einer polychronen Arbeitsweise gesprochen werden kann. Aufgrund der hohen Anzahl der zu erledigenden Aufgaben versteht es sich, dass Brasilianer immer wieder aufs Neue Prioritäten setzen müssen. Dabei werden diejenigen Arbeiten bevorzugt, die von besonderer Dringlichkeit oder Wichtigkeit sind (vgl. Situation »Powerpoint-Präsentation«). Die polychrone Vorgehensweise wird auch in Besprechungen deutlich, die sich nicht nach einer schon vorher aufgestellten Agenda richten, sondern in denen eher Spontaneität und die Schilderung privater Erlebnisse den Ablauf diktieren. Brasilianer lassen sich in ihrer »Zeitplanung« von den aktuellen Ereignissen leiten. Schnell kann es zu Verspätungen kommen, wenn etwas Wichtigeres dazwischen gekommen ist. Meistens wird Pünktlichkeit in einem sehr flexiblen Zeitrahmen gesehen, sodass Verspätungen bis zu einer halben Stunde als völlig normal angesehen werden.

Ein weiterer Aspekt des Umgangs mit Zeit besteht in der kurzfristigen Planung der Brasilianer. Die Folgen hiervon sind oftmals Fristüberschreitungen oder plötzliche Änderungen geplanter Projekte. Brasilianer sehen nur wenig Sinn darin, vorausschauend zu planen, da in Brasilien die wirtschaftliche und politische Situation sehr dynamisch ist und langfristige Planungen schnell zunichte machen kann. Unter diesem Aspekt ist auch das Zustandekommen der Situation »Flugbuchungen« zu erklären.

Aufgrund der kurzfristigen Planung und der polychronen Arbeitsweise nehmen Brasilianer oftmals eine holistische Haltung gegenüber der Erledigung von Arbeitsaufträgen ein: Nicht die perfekte und detaillierte Ausarbeitung ist für sie wichtig, sondern vielmehr, dass das Gesamtbild stimmig ist. Dadurch, dass sich Brasilianer stets an den gegenwärtigen Umständen orientieren und sie somit Arbeitskonzepte manchmal mehrmals verwerfen müssen, ist es für sie sinnvoller, lediglich ein grobes Konzept auszuarbeiten, als viel Zeit und Mühe auf Details zu verwenden.

Mögliche kulturhistorische Erklärungen, die zur Entwicklung des kurzfristigen Planungsverhaltens der Brasilianer führten, sind folgende: Durch optimale klimatische Bedingungen
Brasiliens konnte Getreide und Früchte das ganze Jahr über gesät und geerntet werden, weshalb es keiner langfristigen Planung bedurfte. Es entwickelte sich eine eher gelassene, »in den
Tag hinein lebende« Gesellschaft. Die wirtschaftliche Instabilität
des 20. Jahrhunderts erschwerte zusätzlich eine vorausschauende Planung. Bei einer Inflation von 2491 Prozent im Jahr 1992
war bereits am nächsten Tag der Lohn wesentlich weniger wert,
sodass er sofort ausgegeben werden musste. Die Inflation konnte zwar weitgehend gestoppt werden, jedoch ist durch die wirtschaftliche Abhängigkeit Brasiliens und der hohen Staatsverschuldung die wirtschaftliche Zukunft nur in geringem Umfang
vorhersehbar.

Ein weiterer Aspekt der Gegenwartsorientierung zeigt sich im
Pragmatismus der Brasilianer. Aktuelle Probleme werden oft
mittels konkreter Notlösungen sofort beseitigt, wobei die Brasilianer sich dabei eher auf ihre eigenen Sinne und Erfahrungen
verlassen, als sich an Vorschriften und Regeln zu halten (vgl. Situation »Reparaturen«).

Diese Form der Problembeseitigung lässt sich vermutlich bis
auf die Entdeckung Brasiliens durch die Portugiesen zurückführen. Nach Gilberto Freyre, der mehrere Bücher über das brasilianische Volk und deren Mentalität verfasste, galten die Portugiesen bereits damals als Volk mit praktischem Sinn, gepaart mit
einer gewissen Sorglosigkeit. Des Weiteren war Portugal, wie
auch andere Kolonialmächte, mit einem strukturellen Kolonialphänomen konfrontiert. Meist wiesen die Länder, die kolonialisiert wurden, keine Hochkultur auf und befanden sich weit entfernt von dem Heimatland der Kolonisten. Kolonisten waren auf
sich selbst gestellt, um den Problemen des Alltags zu begegnen,
da aus dem weit entfernten Portugal keine konkrete Hilfe und
Unterstützung zu erwarten war. Des Öfteren versuchten die Portugiesen daher, mit praktische Notlösungen Probleme zu beseiti-

gen. Diese Art der Problemlösung der Portugiesen könnte sich auf das brasilianische Volk übertragen haben.

Eine andere Form der brasilianischen Gegenwartsorientierung kann mit Opportunismus bezeichnet werden. Im Fall, dass zum Geschäftspartner oder zum Kollegen keine gute Beziehung besteht, neigen Brasilianer dazu, günstige Gelegenheiten am Schopf zu packen, um sich womöglich auf Kosten des Anderen einen persönlichen Vorteil zu verschaffen. Diese opportunistische Haltung ist mit einer gegenwartsorientierten Einstellung eng verbunden. Man interessiert sich nur für die aktuelle Situation, sodass mögliche Probleme, die »morgen« durch das Handeln »heute« hervorgerufen werden könnten, als nicht wichtig erachtet werden und somit das Handeln nicht beeinflussen. Korruption kann in diesem Zusammenhang als verschärfte Form des Opportunismus angesehen werden.

Der Merkantilismus, der die Kolonialzeit der Portugiesen in Brasilien prägte, hat diese opportunistische Verhaltensweise gefördert. Portugal strebte nach nationalem Reichtum. Den portugiesischen Capitões des 16. Jahrhunderts, die jeweils ein »Bundesland« regierten, war es ohne weiteres möglich, eigene Interessen auf Kosten des Volkes durchzusetzen. Bis heute zeigt sich diese Einstellung bei einigen brasilianischen Politikern. Im Jahr 1990 wurde der Präsident Fernando Collor de Mello wegen wiederholter Korruptionsskandale sogar abgesetzt.

■ Themenbereich 7: Flexibilität

■ Beispiel 17: Softwaredesign

■ Situation

Herr Müller ist zur Begutachtung eines brasilianischen Unternehmens in Rio de Janeiro. Seine Firma plant, ein gemeinsames Projekt mit diesem Unternehmen durchzuführen. Um sich ein Bild von dem Unternehmen machen zu können und eine Kooperation in der Softwareentwicklung vorzubereiten, nimmt Herr Müller mit ihnen Kontakt auf. In einem ersten Telefongespräch wird seine Frage, ob die Firma Softwaredesign entwerfe, bejaht. Vor Ort fragt er nochmals nach und erhält wieder eine zustimmende Antwort. Als er sehen will, welche Aufträge die Firma schon konkret durchgeführt hat, können sie nichts vorweisen, weil sie tatsächlich noch nie ein Softwaredesign ausgearbeitet haben. Herrn Müller ist es völlig unverständlich, warum seine Fragen nicht wahrheitsgetreu beantwortet werden.

Wie erklären Sie sich das Verhalten der Brasilianer?

– Lesen Sie die Antwortalternativen nacheinander durch.
– Bestimmen Sie den Erklärungswert jeder Antwortalternative für die gegebene Situation und kreuzen Sie ihn auf der darunter liegenden Skala entsprechend an. Es ist möglich, dass mehrere Antwortalternativen den gleichen Erklärungswert besitzen.

◼ Deutungen

a) Die Brasilianer planen, im Bereich Softwaredesign tätig zu werden. Um an weitere Informationen über diesen Arbeitsbereich zu gelangen, sind sie an einem Kontakt mit Herrn Müller interessiert.

| sehr zutreffend | eher zutreffend | eher nicht zutreffend | nicht zutreffend |

b) Die Brasilianer versuchen erst einmal, »schön Wetter« zu machen, um ausloten zu können, ob es generell Anknüpfungspunkte für eine Kooperation gibt.

| sehr zutreffend | eher zutreffend | eher nicht zutreffend | nicht zutreffend |

c) Die Brasilianer fühlen sich in der Lage, Softwaredesign zu übernehmen, falls dies gefordert werden sollte, auch wenn sie sich bis dato noch nie damit beschäftigt haben.

| sehr zutreffend | eher zutreffend | eher nicht zutreffend | nicht zutreffend |

– Versuchen Sie, Ihre Einstufungen jeder Antwortalternative zu begründen. Halten Sie die Begründung in schriftlicher Form stichpunktartig fest.

– Lesen Sie nun die Erläuterungen zu jeder Antwortalternative und vergleichen Sie diese mit Ihren Begründungen.

◼ Bedeutungen

Erläuterung zu a):

In Brasilien spielen persönliche Kontakte in der Arbeit eine große Rolle. Sei es, um an Aufträge zu kommen oder, wie in der Situation, um an Informationen zu gelangen. Da die Brasilianer vorhaben, in Zukunft Softwaredesign anzubieten, erhoffen sie sich, dass ein persönlicher Kontakt zu Herrn Müller, der in diesem

Arbeitsgebiet schon Erfahrungen gesammelt hat, ihnen den Einstieg in die Softwaredesign-Branche erleichtert. Ihr Ziel könnte eine mögliche Kooperation mit der Firma von Herrn Müller sein oder auch die Sammlung von Informationen über Konkurrenzfirmen. In der Situation sind keinerlei Anhaltspunkte für etwaige Absichten der brasilianischen Firma gegeben, weswegen diese Erklärung zu spekulativ und damit unzutreffend ist.

Erläuterung zu b):
Gerade am Anfang einer Geschäftsbeziehung ist es besonders wichtig, eine positive Atmosphäre zu etablieren. Auf dieser Basis kann dann über mögliche Kooperationsmöglichkeiten gesprochen werden. Ein »Nein« bedeutet in Brasilien generell eine Ablehnung des Gegenübers und wird somit als mangelndes Interesse und Bereitschaft zur Kooperation verstanden. Um die positive Atmosphäre des Entgegenkommens nicht zu beeinträchtigen, bejahen die Brasilianer die Frage von Herrn Müller. Diese Antwort ist jedoch nur teilweise zutreffend. Sie kann zwar erklären, warum die Brasilianer grundsätzlich die Frage bejahen, sie kann jedoch nicht erklären, warum sie nicht im Gespräch weitere Kooperationsbereiche ansprechen, die für ihre eigene Firma interessant wären.

Erläuterung zu c):
Brasilianer begegnen Herausforderungen im festen Glauben an sich selbst. Es gilt der Grundsatz »Nichts ist unmöglich«. Das »Ja« der Brasilianer bedeutet lediglich, dass sie es für möglich und realisierbar halten, Softwaredesign anzubieten. Sie sehen sich als flexibel an und würden den Wunsch von Herrn Müller erfüllen, indem sie eine Fachkraft einstellen oder sich selbst weiterbilden. Sicherlich spielen hier auch andere Faktoren wie eine generelle Vermeidung der Brasilianer des Wortes »Nein« eine wichtige Rolle, die in der Erläuterung zu b) beschrieben wird. Diese Antwort kann jedoch am Besten erklären, warum die Brasilianer generell die Frage bejahen, bei ihrer Aussage bleiben und scheinbar verwundert sind, dass Herr Müller nachhakt. Sie glauben an ihr Potenzial, sodass es zweitrangig ist, ob sie Software tatsächlich schon einmal entworfen haben oder nicht.

■ Lösungsstrategie

Die Flexibilität der Brasilianer und der Glaube an ihre Anpassungsfähigkeit kann in einer Situation, wie Sie Herr Müller erlebt hat, aus deutscher Sicht schnell als ungenaues Umgehen mit der Wahrheit, oder – schlimmer noch – als bewusstes Lügen aufgefasst werden. Wie hätten Sie anstelle von Herrn Müller herausfinden können, ob das brasilianische Unternehmen tatsächlich schon einmal Software entworfen hat oder nicht?

Vermeiden Sie lieber direkte Fragen, vor allem am Telefon. Auf die Frage, ob das Unternehmen Softwaredesign entwickelt, werden die Brasilianer nur mit einem »Ja« antworten, sei es, weil sie sich gut verkaufen wollen oder an ihre Anpassungsfähigkeit glauben. Sie gewinnen auf diese Weise kaum Informationen, die Ihnen weiterhelfen, Aufschluss über die Firma zu erhalten. Es ist fruchtbarer, wenn Sie offene Fragen stellen, wie »Was bieten Sie für Dienstleistungen an?«, aus denen Sie herausfiltern können, ob das Unternehmen für Sie Interessantes anbietet. Wiederholen Sie im persönlichen Gespräch diese Frage, um nachhaken zu können. Hierbei können Sie versuchen, das Gesagte durch konkrete Fragen zu vertiefen: »Für welches Unternehmen hat Ihre Firma schon einmal Software entworfen?« oder »Um welche Software handelte es sich dabei?« Allerdings ist auch hier wieder Ihr Feingefühl für das »zwischen den Zeilen lesen« gefragt. Wenn Sie bemerken, dass die Brasilianer Ihren konkreten Fragen ausweichen, ist es sehr wahrscheinlich, dass Sie nichts Konkretes vorweisen können. Vermeiden Sie es aber, Ihre Kooperationspartner mit bohrenden Fragen in die Ecke zu treiben. Sie zwingen sie zu einem Gesichtsverlust, was langfristig Ihr eigener Nachteil werden kann, denn in Brasilien trifft man sich aufgrund der vielfältigen Vernetzungen immer ein zweites Mal.

Auch wenn sich die brasilianischen Geschäftspartner noch nie im Softwaredesign betätigt haben, sollten Sie ernsthaft prüfen, ob die Firma als Kooperationsunternehmen interessant sein könnte. Durch die positive Selbstdarstellung signalisieren sie Motivation und Bereitschaft zur Kooperation. Sie glauben, den eventuell gestellten Anforderungen gerecht werden zu können. Dies ist auch sehr wahrscheinlich, da Brasilianer sich durch ein hohes Maß an Flexibilität auszeichnen.

■ Beispiel 18: Prognosezahlen

■ Situation

Frau Hofer arbeitet seit neun Monaten als Abteilungsleiterin einer deutschen Firma in Porto Allegre. Sie beauftragt ihre Mitarbeiter mit der Aufgabe, einen Finanzplan der Abteilung für die nächsten Monate aufzustellen, um diesen an das Stammhaus in Deutschland weiterzuleiten. Aufgrund eigener Berechnungen bemerkt sie, dass die von ihren Mitarbeitern errechneten Prognosezahlen zu optimistisch sind. Nachdem Frau Hofer ihre Mitarbeiter darauf anspricht, korrigieren diese die Prognosezahlen. Allerdings sind die nun errechneten Zahlen nach Frau Hofers Berechnung zu pessimistisch. Als sie ihre Mitarbeiter darauf aufmerksam macht, schlagen diese vor, die Mitte zu nehmen. Frau Hofer ärgert sich darüber, dass ihre Mitarbeiter sich nicht darum kümmern, dass zuverlässige Zahlen an das Stammhaus weitergeleitet werden.

Warum rechnen die brasilianischen Mitarbeiter bei der Erstellung der Prognose ungenau?

– Lesen Sie die Antwortalternativen nacheinander durch.
– Bestimmen Sie den Erklärungswert jeder Antwortalternative für die gegebene Situation und kreuzen Sie ihn auf der darunter liegenden Skala entsprechend an. Es ist möglich, dass mehrere Antwortalternativen den gleichen Erklärungswert besitzen.

■ Deutungen

a) Aufgrund von Unstimmigkeiten mit Frau Hofer verhalten sich die brasilianischen Mitarbeiter unkooperativ. Sie zeigen keine Bemühungen, ihre Aufträge korrekt zu bearbeiten.

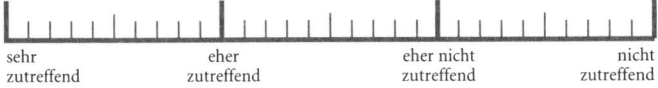

sehr zutreffend   eher zutreffend   eher nicht zutreffend   nicht zutreffend

b) Die Diskrepanz zwischen Frau Hofers Werten und den der Brasilianer resultiert aus unterschiedlichen Berechnungsarten für Prognosen.

115

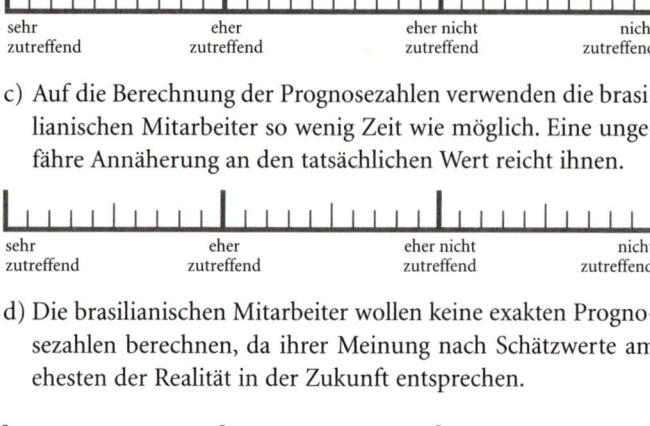

sehr
zutreffend

eher
zutreffend

eher nicht
zutreffend

nicht
zutreffend

c) Auf die Berechnung der Prognosezahlen verwenden die brasilianischen Mitarbeiter so wenig Zeit wie möglich. Eine ungefähre Annäherung an den tatsächlichen Wert reicht ihnen.

sehr
zutreffend

eher
zutreffend

eher nicht
zutreffend

nicht
zutreffend

d) Die brasilianischen Mitarbeiter wollen keine exakten Prognosezahlen berechnen, da ihrer Meinung nach Schätzwerte am ehesten der Realität in der Zukunft entsprechen.

sehr
zutreffend

eher
zutreffend

eher nicht
zutreffend

nicht
zutreffend

– Versuchen Sie, Ihre Einstufungen jeder Antwortalternative zu begründen. Halten Sie die Begründung in schriftlicher Form stichpunktartig fest.
– Lesen Sie nun die Erläuterungen zu jeder Antwortalternative und vergleichen Sie diese mit Ihren Begründungen.

■ Bedeutungen

Erläuterung zu a):
In Brasilien werden Konflikte nicht offen ausgetragen. In der Situation könnte es sein, dass die brasilianischen Mitarbeiter aus irgendeinem Grund verärgert über Frau Hofer sind. Verärgerung wird in der Arbeit indirekt ausgedrückt. Es wird unkooperatives Verhalten gezeigt, schlampig gearbeitet oder es werden die Personen gemieden, die den Anlass zur Verärgerung gegeben haben. Unkooperatives Verhalten von Mitarbeitern ist oftmals auf eine Verärgerung über den Vorgesetzten zurückzuführen. In dieser Situation sind jedoch keine Hinweise diesbezüglich zu finden, weshalb diese Erklärung nicht zutrifft.

Erläuterung zu b):

Ein deutsches Unternehmen in Brasilien muss sich an die ökono-
mischen und politischen Umstände anpassen. Ein bestimmtes
Berechnungsschema für einen Finanzplan und somit für Prognosezahlen kann in Deutschland effektiv sein, nicht aber in Brasilien. Brasilienspezifische Variablen wie saisonbedingte Einfluss-
faktoren könnten in einem deutschen Schema außer Acht gelassen sein. Es könnte also sein, dass Frau Hofer die Prognose nach
einem anderen Schema als die Brasilianer berechnet und zwangsläufig zu einem anderen Ergebnis kommt. Das erklärt jedoch
nicht, warum die Brasilianer letztlich zwei unterschiedliche Prognosen abliefern. Diese Erklärung ist daher als eher unzutreffend
einzustufen.

Erläuterung zu c):

Für Brasilianer ist es oftmals wichtiger, dass die Arbeitserledigung im Ganzen stimmt. Sie passen sich bei der Aufgabenbearbeitung an die aktuelle Situation an, was dazu führen kann, dass
eine Aufgabe in bestimmten Aspekten anders als zuvor bearbeitet
wird. Daher sehen es Brasilianer als sinnvoller und zeitsparender
an, die Aufgaben nicht allzu detailliert auszuarbeiten. Die brasilianischen Mitarbeiter legen durch ihren Vorschlag, den Mittelwert zu berechnen, lediglich die brasilianische Grundhaltung an
den Tag, zugunsten der Effektivität nicht zu viel Arbeit auf Details zu verschwenden. Diese Antwort trifft nur teilweise zu, da
sie den Vorschlag der Mittelwertbildung erklären kann, eine andere Erklärung kann jedoch besser begründen, warum die Mitarbeiter zweimal Zahlen an Frau Hofer abliefern, die scheinbar
vom richtigen Wert abweichen.

Erläuterung zu d):

Brasilianer sind flexibel. Sie nehmen Widersprüchlichkeiten hin
und können Unklarheiten akzeptieren. Für sie gestaltet sich die
Realität komplexer, als es durch eindeutige Worte oder Zahlen
ausgedrückt werden kann. Die brasilianischen Mitarbeiter von
Frau Hofer halten es für unsinnig, möglichst exakte Prognosezahlen zu berechnen. Ihre Berechnungen stellen nur Schätzwerte
dar und weichen deswegen von Frau Hofers Prognosezahlen ab.

In ihren Augen ist es angebracht, nach mehrmaliger Berechnung den Mittelwert zu bilden, da sie damit der komplexen Realität am ehesten gerecht werden. Diese Erklärung begründet den Situationsverlauf am Besten.

◼ Lösungsstrategie

Während Brasilianer Mehrdeutigkeiten akzeptieren, ist die Ambiguitätstoleranz der Deutschen vergleichsweise gering ausgeprägt. Deutsche bevorzugen Klarheit und Eindeutigkeit, sodass für sie entweder etwas richtig oder falsch ist, etwas bejaht oder verneint wird. Probleme bereitet ihnen die Gleichzeitigkeit wie eines »vielleicht«. Brasilianer hingegen provozieren sogar ambigue Situationen, wenn sie im Alltag mit den Floskeln »pode ser«, »vamos ver« (auf Deutsch: Kann sein, mal sehen) antworten, die sowohl Zusage wie auch Absage bedeuten können. An Frau Hofers Stelle besteht Ihr Problem darin, Ihren Mitarbeitern deutlich zu machen, dass Sie Eindeutigkeit in den Prognosezahlen benötigen, jene müssen so exakt wie möglich sein, auch wenn dies in den Augen Ihrer Mitarbeiter keinen Sinn macht.

An dieser Stelle ist es hilfreich, in Seminaren oder Gesprächen mit Ihren Mitarbeitern den Sinn und Zweck der Berechnung genauer Prognosezahlen zu vermitteln. Dabei können Sie auch ansprechen, dass die brasilianische Wirtschaft vergleichsweise zwar komplexer und weniger vorhersehbar ist und die Berechnungsfehler der Prognose dadurch verzerrt werden, jedoch sollte dies nicht zusätzlich durch eine ungenaue Berechnung basierend auf Schätzwerten und Mittelwertbildung geschehen. Geben Sie Ihren Mitarbeitern einen Einblick in den Berechnungsablauf in Deutschland. Sie können ihnen an einem konkreten Beispiel demonstrieren, warum für das deutsche Mutterhaus eine exakte Berechnung wichtig ist. Wenn Ihre Mitarbeiter solche Hintergründe erfahren, werden sie mehr Verständnis und Mühe aufbringen, genauer zu berechnen.

■ Beispiel 19: Mietvertrag

■ Situation

Herr Maier arbeitet seit vier Jahren als Führungskraft in einem deutschen Unternehmen für Motoren in Brásilia. Als ein Mitarbeiter die Firma verlässt, wird auch dessen Mietvertrag für die von der Firma angemietete Wohnung aufgelöst. Der Mitarbeiter hat jedoch die Kündigungsfrist für den Mietvertrag verpasst, und zugleich hat die Firma vergessen, die letzte Monatsmiete vor seinem Auszug zu bezahlen. Um eine Geldstrafe zu umgehen, erklärt der zuständige brasilianische Finanzmitarbeiter, Pablo, der brasilianischen Vermieterin, dass die Mutter des Mitarbeiters gestorben sei und deswegen an all das nicht mehr gedacht worden sei. Herr Maier ist verwundert, wie Pablo das Problem löst und findet es ein wenig skrupellos, sich damit herauszureden, dass jemanden gestorben sei.

Wie erklären Sie sich das Verhalten von Pablo?

– Lesen Sie die Antwortalternativen nacheinander durch.
– Bestimmen Sie den Erklärungswert jeder Antwortalternative für die gegebene Situation und kreuzen Sie ihn auf der darunter liegenden Skala entsprechend an. Es ist möglich, dass mehrere Antwortalternativen den gleichen Erklärungswert besitzen.

■ Deutungen

a) Pablo ist sich bewusst, dass er durch die Erwähnung des Todesfalls an das Mitgefühl der Vermieterin appelliert, sodass sie den Zahlungsverzug entschuldigt.

| sehr zutreffend | eher zutreffend | eher nicht zutreffend | nicht zutreffend |

b) Das Ziel von Pablo ist es, eine mögliche Strafe zu umgehen und die Angelegenheit so unkompliziert wie möglich zu handhaben.

sehr
zutreffend

eher
zutreffend

eher nicht
zutreffend

nicht
zutreffend

c) Pablo will sich mit der Ausrede der Verantwortung entziehen und so schiebt er eine »höhere Macht«, den Tod, vor.

sehr
zutreffend

eher
zutreffend

eher nicht
zutreffend

nicht
zutreffend

d) Pablo will das Bild der deutschen Firma von Pünktlichkeit und Zuverlässigkeit aufrechterhalten und greift auf eine Ausrede zurück.

sehr
zutreffend

eher
zutreffend

eher nicht
zutreffend

nicht
zutreffend

– Versuchen Sie, Ihre Einstufungen jeder Antwortalternative zu begründen. Halten Sie die Begründung in schriftlicher Form stichpunktartig fest.

– Lesen Sie nun die Erläuterungen zu jeder Antwortalternative und vergleichen Sie diese mit Ihren Begründungen.

■ Bedeutungen

Erläuterung zu a):

Brasilianer lassen sich im Geschäftsalltag von ihren Emotionen beeinflussen. Sie zeigen ein außerordentliches Mitgefühl mit ihren Kollegen oder Geschäftspartnern und sind auch bei Problemen im privaten Bereich bereit zu helfen. Pablo greift auf eine Ausrede zurück, die das höchste Maß an Mit- und Pietätsgefühl hervorruft. Es ist zu erwarten, dass die brasilianische Vermieterin bei einem solchen Ereignis auf die Strafe verzichtet. Diese Antwort kann jedoch nur erklären, warum der Todesfall als Ausrede gewählt wurde, jedoch nicht, warum Pablo überhaupt zu einer Ausrede greift und nicht in einem stark emotionalen Ausdruck die Wahrheit sagt.

Erläuterung zu b):

In Brasilien herrscht ein flexibler Umgang mit Regeln. Um diese auszuhebeln, bedienen sich die Brasilianer des *Jeito*, der einen Kniff oder Trick bezeichnet. Damit können sie Angelegenheiten vereinfachen oder auch negative Konsequenzen vermeiden. Um keine Strafe bezahlen zu müssen, erfindet Pablo eine Ausrede für die nicht eingehaltene Kündigungsfrist. Der Jeito ist nur dann erfolgreich, wenn sich der Gegenüber darauf einlässt. Da die Vermieterin durch die plausible Entschuldigung von Pablo nicht in die Verlegenheit gerät, die gute Geschäftsbeziehung durch eine Strafe zu gefährden, profitiert sie ebenfalls von diesem Jeito. Diese Erklärung beeinflusst obigen Situationsverlauf am Meisten.

Erläuterung zu c):

In Brasilien kommt es bei verspäteten Mietzahlungen schnell zu gebührenpflichtigen Mahnungen. Eine gute Ausrede muss daher verdeutlichen, dass die rückständige Zahlung nicht auf eigenem Verschulden beruht. Die Ausrede von Pablo wird als Entschuldigung eher akzeptiert. Diese Antwort kann erklären, warum Pablo diese Form der Ausrede wählt. In einer anderen Erklärung wird jedoch klarer, warum er überhaupt zu einer Ausrede greift. Er könnte die Wahrheit sagen und beteuern, dass es nicht wieder vorkommen wird. Diese Antwort trifft eher nicht zu.

Erläuterung zu d):

In Brasilien werden des Öfteren Fristen überschritten. Deutsche Firmen genießen einen guten Ruf, weil sie für ihre Pünktlichkeit und Zuverlässigkeit bekannt sind. Pablo ist sich bewusst, dass die brasilianische Vermieterin die deutsche Firma deswegen sehr schätzt. Damit die Firma für sie auch weiterhin ein attraktiver Mieter ist, greift er auf eine Ausrede zurück. Dies könnte eine Rolle gespielt haben, allerdings hätte sich die gleiche Situation auch bei einer brasilianischen Firma ereignen können. Daraus lässt sich schließen, dass es noch einen anderen Grund für das Verhalten von Pablo geben muss und deshalb ist diese Erklärung unzutreffend.

■ Lösungsstrategie

Deutsche bevorzugen im Alltag klare Strukturen und Regeln, die ihnen ein gewisses Maß an Orientierung und Verhaltenssicherheit bieten. Manchmal werden pflichtbewusst Gesetze und Regeln befolgt, die unsinnig sind. Diesem Hang zur Regelorientierung steht die brasilianische Flexibilität gegenüber. Ein wesentliches Merkmal dafür ist der Jeito, der gesellschaftlich voll akzeptiert ist.

Als deutsche Fach- und Führungskraft stehen Sie vor dem Problem, dass Sie womöglich einen Jeito nur widerwillig akzeptieren und vielmehr ihn selber anwenden wollen. Täglich werden Sie in Brasilien mit einem Jeito konfrontiert, und auch von Ihnen wird man erwarten, dass Sie einen Jeito anwenden. Falls Sie dies nicht tun, gelten Sie in den Augen der Brasilianer als unflexibel und sogar als beruflich inkompetent. Brasilianer sind davon überzeugt, dass einen guten Manager die Fähigkeit auszeichnet, einen Jeito anwenden zu können. Diese Fähigkeit vereinfacht in Brasilien vieles, seien es Anträge auf dem Amt oder Vorgänge in der Arbeit. Versuchen Sie, die Vorschriften flexibler auszulegen und trauen Sie sich hin und wieder, einen Jeito anzuwenden, um sich unnötigen Ärger, Kosten oder Zeit zu sparen.

Beim Jeito können alle anderen in den vorhergegangenen Trainingseinheiten beschriebenen sechs Kulturstandards mit einspielen. Der Jeito dient somit als Werkzeug, um an kulturellen brasilianischen Eigenheiten Ihres Gegenübers zu rühren und daraus eigenen Nutzen zu ziehen. In der beschriebenen Situation wurde als »Ausrede« der Tod eines Familienangehörigen gewählt. Dies ist in Brasilien eine äußerst beliebte Ausrede, weil sie an das Mitgefühl des Gegenübers rührt und Verständnis für das Handeln in der Situation weckt. Brasilianerinnen erwecken oftmals Mitgefühl, indem sie weinen.

Wenn Sie auf dem Amt versuchen, ein persönliches Gespräch mit dem Beamten zu führen, dann sprechen Sie die Personenorientierung der Brasilianer an. Sie könnten beispielsweise mit dem warmen Wetter beginnen und dadurch auf attraktive Badeorte in der näheren Umgebung zu sprechen kommen. Wenn Sie und der Beamte dann noch feststellen, dass sie etwas gemeinsam haben, wie die Präferenz für einen bestimmten Badeort, wird Ihr Antrag sehr wahrscheinlich unkomplizierter bearbeitet werden. In diesem Fall würden Sie die Personenorientierung der Brasilianer zu Ihrem eigenen Vorteil nutzen, indem Sie sie in einen Jeito einbauen.

Falls Ihnen rechtlich etwas zusteht, aber Ihr Gegenüber das nicht bewilligen möchte – das könnte Ihr Gut am brasilianischen Zoll sein –, dann sollten Sie einen Jeito verwenden, der im Zusammenhang mit der interpersonellen Harmonieorientierung steht. Sie sollten nicht auf Recht und Ordnung pochen oder sachlich argumentieren, da sie damit keinen Erfolg haben werden. Versuchen Sie vielmehr, die Konfrontation zu entschärfen, indem Sie mithilfe von Floskeln über die Schönheit der Natur in Brasilien oder Ähnliches eine positive Grundstimmung erzeugen. Sie müssen erst einmal eine Ausgangsbasis schaffen, um Ihr Anliegen erfolgreich durchzusetzen.

Im Hinblick auf die Kontakt- und Kommunikationsfreudigkeit äußert sich der Jeito darin, ein guter Redner zu sein. Er wird den Anderen mit seinem Anliegen nicht überrumpeln, sondern von einer belanglosen Kommunikation langsam und gekonnt zum Problem überleiten. Dabei sollte der Andere das Gespräch als nette Unterhaltung empfinden, sodass Sie seine Sympathie wecken und als »Bittsteller« höhere Chancen haben, gehört zu werden.

Der Jeito kann auch Züge der Korruption annehmen und in Verbindung mit dem Kulturstandard Gegenwartsorientierung und dem darin enthaltenden Opportunismus stehen. Wird ein Brasilianer wegen zu schnellen Fahrens von der Polizei angehalten und eine Geldstrafe fällig, kann er eine in Brasilien häufig verwendete Frage stellen: »Não dá um jeitinho?« (»Ist da nicht ein Jeito möglich?«). Dieser bestünde darin, dem Polizisten einen Bruchteil der Geldstrafe als Bestechungsgeld zu zahlen. Damit gilt die Angelegenheit für beide Parteien als abgehakt. Es ist einem Ausländer allerdings nicht zu empfehlen, diese Form des Jeitos zu praktizieren, da es sehr viel detailliertes Wissen über die Durchführung eines erfolgreichen Jeitos erfordert. Des Weiteren muss jeder für sich selbst entscheiden, ob er diese Art von Jeito überhaupt anwenden will.

Die letzte Art des Jeito ist schließlich, die Hierarchieorientierung der Brasilianer anzusprechen. Hier können Sie Ihr Ziel erreichen, indem Sie sich auf Ihre Position und Ihren Einfluss berufen. Ein häufiger brasilianischer Ausspruch ist: »Wissen Sie überhaupt, mit wem Sie da reden?« Allerdings können solche Machtspiele in der Situation eines Ausländers schnell zu einer heiklen Angelegenheit werden, weshalb an dieser Stelle davon ebenfalls abgeraten wird.

◼ Kulturelle Verankerung von »Flexibilität«

Dieser Kulturstandard umfasst mehrere Aspekte, die alle die Flexibilität zur Grundlage haben. Ein Bestandteil der brasilianischen Flexibilität ist die so genannte Ambiguitätstoleranz, die meint, dass es für Brasilianer oftmals nicht nur eine Wahrheit gibt, sondern je nach Perspektive mehrere und teils widersprüchliche Wahrheiten. Diese handhaben sie flexibel, wobei sie nicht das Bedürfnis haben, sich auf eine festzulegen. Alltagsfloskeln wie »vielleicht«, »mal sehen«, »warum nicht?« lassen das Gegenüber zwar im Unklaren darüber, ob Bejahung oder Verneinung gemeint ist, gleichzeitig spiegeln sie aber eher die Realität wider, wenn die Situation tatsächlich nicht eindeutig ist. Die Festlegung auf ein Ja oder Nein wäre hier für Brasilianer unrealistisch. Unter diesem Aspekt ist auch das Zustandekommen der Situation »Prognosezahlen« zu sehen. Man kann die Ambiguitätstoleranz der Brasilianer besser verstehen, wenn man bedenkt, dass in Brasilien die Dinge selten eindeutig sind. Im Alltag vermischen sich meist Ordnung mit Unordnung, Legalität mit Gesetzesüberschreitung, schwarze Hautfarbe mit weißer und zahlreiche andere Antagonismen. Dies bedingt, dass man sich nicht rigide festlegen kann, ob jemand beispielsweise schwarz oder weiß ist, sondern flexibel damit umgehen muss.

Ein weiterer Aspekt der brasilianischen Flexibilität ist die Anpassungsfähigkeit. Brasilianer glauben an ihr Potenzial und betrachten Anforderungen in erster Linie als Herausforderung. Dieser Optimismus führt wie in der Situation »Softwaredesign« dazu, dass sie gegenüber dem Geschäftspartner nie äußern würden, dass für sie etwas unmöglich realisierbar sei. Diese Anpassungsfähigkeit ist eng damit verbunden, dass Brasilianer äußerst kreativ sein können, um schnelle und effektive Problemlösungen zu finden, wobei sie häufig improvisieren.

Anpassungsfähigkeit und Kreativität wurde schon von den portugiesischen Kolonisten gefordert. Wie bei der Trainingseinheit »Pragmatismus« beschrieben, existierte in den meisten europäischen Kolonien keine Zivilisation, die den Kolonisten den Start erleichterte. Des Weiteren lagen die Kolonien weit entfernt von den Heimatländern der Kolonialmächte, sodass sie keine Hilfe für Alltagsprobleme erwarten konnten. So mussten auch die portugiesischen Kolonisten viel Kreativität und Improvisationsgabe beweisen, um in Brasilien bestehen und sich an das Land anpassen zu können. Auch Sklaven mussten kreativ sein, um mithilfe von Jeitos überleben zu können. Die Fähigkeit der Kolonisten und der Sklaven, flexibel zu sein und improvisieren zu können, wurde wahrscheinlich an die nächsten Generationen weitergegeben, sodass sie heute eine kulturelle Eigenheit der Brasilianer ist.

Ein erfolgreicher Manager muss auch noch einen weiteren Aspekt der Flexibilität beherrschen, den Jeito. Der Jeito lässt sich als Begriff kaum in andere Sprachen übersetzen, da er eine für Brasilien typische kulturelle Eigenheit darstellt. Wörtlich bedeutet Jeito so viel wie Kniff oder Trick, wobei diese Begriffe die Bedeutung des Jeitos nicht umfassend wiedergeben. Gemeint ist die Fähigkeit der Brasilianer, aus jeder noch so ausweglosen Situation zu finden. Zugleich bezeichnet Jeito die Lebenskunst der Brasilianer, dass nichts unmöglich ist, was folgender brasilianischer Ausspruch verdeutlicht: »sempre dá um jeito!« (auf Deutsch: Es gibt immer einen Ausweg/Jeito). Zum anderen steht der Jeito für einen flexiblen Umgang mit Regeln oder Gesetzen, wie in der Situation »Mietvertrag« beschrieben. Wie der Jeito konkret aussieht, kann kaum festgehalten werden, da Brasilianer sich dabei äußerst kreativ zeigen und sämtliche andere identifizierten Kulturstandards Einfluss nehmen. Die Anwendung eines Jeito ist in Brasilien zwar nicht legalisiert, jedoch wird er von der Allgemeinheit gebilligt. Viele Brasilianer sind der Meinung, dass die aufgestellten Regeln und Gesetze häufig unsinnig sind und deshalb mit ihnen flexibel umgangen werden muss. Des Öfteren wird im Sprachgebrauch der Diminutiv des Jeitos verwendet, sodass man vom »Jeitinho« spricht, wodurch ihm eine harmlosere Note verliehen wird. Der Jeito kann auch Züge von Korruption und Vetternwirtschaft annehmen, wenn Geld oder Beziehungen eine Rolle spielen. Er darf jedoch nicht auf diesen negativen Aspekt reduziert werden, da er mehr beinhaltet. Er vereinfacht den brasilianischen Alltag und gewährt dazu die nötige Flexibilität.

Der kulturhistorische Hintergrund des Jeito ist im 16. Jahrhundert zu finden. Der Merkantilismus Portugals führte zu einer Reihe unsinniger Gesetze, die den Bewohnern Brasiliens mehr schadete als nutzte. Dies traf auch auf die brasilianischen Capitãos zu, die meist dem portugiesischen Adel entstammten und absolutistischen Monarchen gleich über ihre Bundesstaaten regierten. Für das einfache Volk war es zwecklos, offen zu revoltieren, weil die Verantwortlichen zu mächtig waren. Dies traf vor allem auf die Sklaven zu, die über keinerlei Rechte verfügten. Es blieb ihnen nur die Möglichkeit, provisorische Notlösungen zu finden. Daraus entwickelte sich der Jeito; nach außen hin verhielten sie sich angepasst und hielten sich an die Regeln, in Wirklichkeit konnten sie jedoch durch die Anwendung des Jeitos gewisse Regeln umgehen und sich damit das Leben erleichtern.

■ Kurze Zusammenfassung

■ Kulturstandard »Personenorientierung«

- Einzigartigkeit von Personen und Beziehungen
  - Pflege eines individuellen und persönlichen Kontakts (zwischen Chef, Mitarbeiter, Kollegen, Geschäftspartner)
  - Bindung von Beziehungen (z. B. Geschäftsbeziehungen) und mündlicher Abmachungen an die Person
  - Erwartung von Solidarität auf gleicher Hierarchiestufe (seien es Geschäftspartner, Kollegen oder Freunde)

- Beziehungsorientierung in der Arbeit
  - Eine gute persönliche Beziehung als Voraussetzung für eine erfolgreiche und befriedigende Zusammenarbeit
  - Vertrauensbasis und ungehinderter Informationsfluss als Folge einer guten persönlichen Beziehung
  - Vermischung des Arbeits- und Freizeitbereichs
  - Ausnutzen von Beziehungen zur »Vetternwirtschaft« und persönlichen Bereicherung

■ Kulturstandard »Interpersonelle Harmonieorientierung«

- Sprachroutinen
  - Erzeugung einer positiven Grundstimmung durch Floskeln wie »schau doch mal bei mir zu Hause vorbei« – diese sind jedoch nicht wörtlich gemeint

- Gesichtwahren
  - Synthese von Person und Sache

- Indirekte Zurückweisung, zum Beispiel bei der Absage einer Kooperation
- Indirekte Äußerung von Kritik

- Konfliktvermeidung
  - Vermeidung von direkten Konfrontationen
  - Konflikten aus dem Weg gehen (verschweigen, verharmlosen, umgehen)

■ Kulturstandard »Kontakt- und Kommunikationsfreudigkeit«

- Grundlegendes Interesse, Mitmenschen kennen zu lernen
  - Gastfreundschaft gegenüber Fremden
  - Wichtigkeit und Freude an Smalltalk und Unterhaltungen

■ Kulturstandard »Emotionalismus«

- Emotion vor Ratio
  - Schnelle Begeisterungsfähigkeit für neue Ideen
  - Bevorzugung von Handeln »aus dem Bauch heraus«
  - Optimismus und positive Lebenseinstellung

- Starke Expressivität von Emotionen
  - Emotionen werden als etwas Natürliches angesehen
  - Häufiger Ausdruck von Emotionen wie Freude, Mitgefühl und Trauer im alltäglichen Verhalten

■ Kulturstandard »Hierarchieorientierung«

- Obrigkeitsdenken
  - Arbeitsaufträge sind je nach Position/Status der Person, welche die Aufgabe erteilt, verbindlich
  - Respektierung von Hierarchiegrenzen

- Paternalistische Beziehung zwischen dem Chef und seinen Angestellten
  - Gegenseitige Verpflichtungsbeziehung zwischen dem Chef und dem Mitarbeiter
  - Strikte Aufgabentrennung der Arbeitsbereiche des Chefs und des Mitarbeiters
  - Detaillierte Vorgabe und Kontrolle von Arbeitsaufträgen
  - Rigide Ausführung von Arbeitsaufträgen
  - Unantastbarkeit der Vorgesetztenkompetenz
- Präsentation von Status
  - Ausdruck des Status durch Statussymbole und im Verhalten (z. B. eine niedriger gestellte Person warten zu lassen)

■ Kulturstandard »Gegenwartsorientierung«

- Kurzfristige Planung
  - Abneigung gegenüber langfristigen Planungen
  - Erledigung mehrerer Aufgaben zur gleichen Zeit
  - Vernachlässigung von Details bei der Aufgabenbearbeitung
  - Fließendes Zeitempfinden: lockerer Umgang mit Zeit und Pünktlichkeit
- Pragmatismus
  - Kreativität bei der Lösung von Problemen mit dem Ziel einer schnellen Problembehandlung
- Opportunistische Lebenseinstellung
  - Egoistisches Verhalten gegenüber Unbekannten und Personen, die nicht zum engen Freundeskreis gehören
  - Korruption als verschärfte Form des Opportunismus

■ Kulturstandard »Flexibilität«

- Anpassungsfähigkeit
  - Fähigkeit zur Flexibilität und ein starker Glaube an sich selbst führen zu einer hohen Anpassungsfähigkeit

- Kreativität
  - Bevorzugung von kreativen gegenüber regelkonformen Problemlösungen

- Der brasilianische »Jeito«
  - Flexibler Umgang mit Regeln und Erfindungsreichtum erleichtert das Leben der Brasilianer

- Ambiguitätstoleranz
  - Akzeptanz und Bewältigung mehrdeutiger Situationen
  - Widersprüchliche Wirklichkeiten werden akzeptiert

◾ Schlussbemerkung

Jede Beschreibung der brasilianischen Kultur anhand von Kulturstandards hat Vereinfachungen und eine reduzierte Darstellung der vielfältigen Lebenswirklichkeit zur Folge. Das Verhalten von Deutschen wird sich nicht immer mit verallgemeinerten Regeln und Gesetzmäßigkeiten des deutschen Kultursystems erklären lassen. Ebenso verhält es sich mit brasilianischem Verhalten. Gedanken und Handlungen sind zwar kulturell geprägt, sie sind jedoch auch von individuellen und situativen Faktoren und Umständen beeinflusst. So haben persönliche Erfahrungen, Alter, Berufszugehörigkeit, Schichtzugehörigkeit, Lebensraum, Unternehmenskultur und andere Merkmale handlungswirksame Bedeutung. Es ist zu beachten, dass Vorerfahrungen eines Brasilianers mit Deutschen sein Verhalten in Gegenwart eines Deutschen beeinflussen. Folgendes Beispiel soll dies veranschaulichen.

Herr Farner arbeitet seit einem halben Jahr in einer Anwaltskanzlei in São Paulo. Sein brasilianischer Chef, Eduardo, fährt auf einen Kongress nach Deutschland. Einen Tag bevor er abfährt, trägt Eduardo ihm auf, für Deutschland einen Bericht über die Ölkrise in Brasilien zu schreiben. Herr Farner ärgert sich, dass Eduardo ihm erst so kurzfristig den Auftrag erteilt. Er ist der Meinung, dass er auf die Schnelle keinen guten Bericht schreiben kann. Zudem ist er sich sicher, dass Eduardo schon länger weiß, dass er in Deutschland diesen Bericht brauchen wird und ihm somit früher Bescheid hätte geben können.

Eduardo hat des Öfteren schon mit Deutschen zusammengearbeitet und hat erfahren, dass Deutsche in ihrer Arbeit sehr pflichtbewusst und akribisch sind. Er ist sich bewusst, dass Herr Farner viel Arbeit in den Bericht stecken und ihm einen perfekten Bericht verfassen wird, wenn er Herrn Farner den oben beschrie-

benen Auftrag sehr zeitig erteilt. Da Eduardo jedoch keinen perfekt ausgearbeiteten Bericht benötigt, gibt er Herrn Faber sehr
kurzfristig Bescheid, um den möglichen Zeitaufwand für die Aufgabenbearbeitung zu verringern. Persönliche Erfahrungen, die
Eduardo mit deutschem Perfektionismus und genauer Aufgabenbearbeitung gemacht hat, beeinflussen somit sein Handeln
ebenfalls nachhaltig.

■ Literatur

Ernst, P. (1997): Erfahrungen deutscher Manager in Brasilien. Am Beispiel
der Auslandsmitarbeiter der Robert Bosch GmbH. Bad Honnef.
Das Buch umfasst eine wissenschaftliche Analyse der brasilianischen Ar-
beitskultur. Die gewonnenen Ergebnisse, die konkret und anschaulich
dargestellt sind, können hilfreich für deutsche Expatriates sein.

Freyre, G. (1982): Herrenhaus und Sklavenhütte. Ein Bild der brasilianischen Gesellschaft. Stuttgart.
Der brasilianische Soziologe und Anthropologe befasst sich in seinem
bekanntesten Buch mit der portugiesischen Kolonialzeit. Sklaverei und
die »Rassenmischung«, deren Produkt die brasilianische Gesellschaft ist,
werden näher beleuchtet. Das Buch beschreibt sehr anschaulich die
Wurzeln des »Brasilianers«.

Goerdeler, C. D. (2002): Kulturschock Brasilien. Bielefeld.
Es werden für Brasilien typische Sitten skizziert. Die Darstellungen rei-
chen von einer brasilianischen Weltsicht bis zu einer Beschreibung des
Alltagslebens wie die Begrüßung oder Sicherheitsprobleme.

Lege, K.-W. (Hg.) (2000): Willkommen in Brasilien: Informationen für das
Einleben in São Paulo. Bd. 4. São Paulo.
Wertvolle praktische Tipps und Fakten werden an Expatriates gegeben.
Diese umfassen Informationen zur Wohnsituation, Versicherungen für
Expatriates, Zeitschriften in São Paulo, Kündigungsschutz, brasiliani-
sche Geschäftskultur

Ribeiro, J. U. (1998): Ein Brasilianer in Berlin. Frankfurt a. M.
In 15 Kolumnen erzählt Ribeiro liebevoll-ironisch von seinen Eindrü-
cken, Beobachtungen und Erfahrungen mit den Deutschen, die er während eines einjährigen Aufenthalts in Berlin machte. In diesem »brasilianischen Spiegelbild« können Deutsche viel über sich und ihre Wirkung
auf Brasilianer lernen.

Schelling-Sprengel, C. v. (2002): Brasilien. Kulturen erleben. München.
Nach dem Alphabet werden von A bis Z alle für Brasilien typische Feste,
Ereignisse, kulturelle Eigenheiten, Essgewohnheiten et cetera kurz beschrieben. Das Buch gibt einen ersten allgemeinen Überblick über die
brasilianische Kultur.

Simer, A. (2001): Von der (Un)möglichkeit einen Brasilianer zu kritisieren.
Zeitschrift der Deutsch-Brasilianischen Industrie- und Handelskammer
»Brasil-Alemanha«, Nov./Dez. 2001.

Thomas, A.; Kinast, E.-U.; Schroll-Machl, S. (Hg.) (2003): Handbuch interkulturelle Kommunikation und Kooperation. Bd 1. Göttingen.

Zweig, S. (1997): Brasilien. Ein Land der Zukunft. Frankfurt a. M.
Sehr anschaulich und eindrucksvoll wird die brasilianische Geschichte,
Wirtschaft und Kultur beschrieben. Stefan Zweig, der selbst mehrere
Jahre in Brasilien lebte, schafft es, die Informationen so lebendig zu ver-
mitteln, dass man eher das Gefühl hat, eine Novelle als ein Sachbuch zu
lesen.

Typisch deutsch – Für Deutsche und alle, die mit ihnen zu tun haben

Das Buch wendet sich zum einen an jene, die mit Deutschen von ihrem Heimatland aus zu tun haben, oder als Expatriate, der für einige Zeit in Deutschland lebt, zum anderen an die Deutschen, die mit Partnern aus aller Welt im Geschäftskontakt stehen, sei es per Geschäftsbesuch oder via Kommunikationsmedien. Für die erste Gruppe ist es wichtig, Informationen über Deutsche zu erhalten, um sich auf uns einstellen zu können. Für Deutsche selbst ist es hilfreich zu erfahren, wie unsere nichtdeutschen Partner uns erleben, um uns selbst im Spiegel der anderen zu sehen. Sylvia Schroll-Machl berichtet auf dem Hintergrund langjähriger Praxis als interkulturelle Trainerin und Wissenschaftlerin über viele typische Erfahrungen mit uns Deutschen und typische Eindrücke von uns. Es geht ihr aber auch darum, diese Erlebnisse und Erfahrungen aus deutscher Sicht zu beleuchten, damit die nichtdeutschen Partner entdecken, wie wir eigentlich das meinen, was wir sagen und tun. Zudem beschäftigt sich die Autorin auch mit den kulturhistorischen Hintergründen, die uns Deutsche prägen.

Sylvia Schroll-Machl

Die Deutschen – Wir Deutsche

Fremdwahrnehmung und Selbstsicht im Berufsleben

2. Auflage 2003. 216 Seiten mit 2 Abbildungen und 1 Tabelle, kartoniert
ISBN 3-525-46164-X

Auch in englischsprachiger Version erhältlich:

Sylvia Schroll-Machl

Doing Business with Germans

Their Perception, Our Perception

2003. 216 pages, paperback
ISBN 3-525-46167-4

Vandenhoeck & Ruprecht

Handlungskompetenz im Ausland

Mit Cartoons von Jörg Plannerer

Vandenhoeck
& Ruprecht